엄마의 기분이
아이의 태도가
되지 않게

엄마의 기분이
아이의 태도가 되지 않게

초 판 1쇄 2022년 01월 19일
초 판 2쇄 2023년 02월 09일

지은이 전소민
펴낸이 류종렬

펴낸곳 미다스북스
총괄실장 명상완
책임편집 이다경
책임진행 김가영, 신은서, 임종익, 박유진

등록 2001년 3월 21일 제2001-000040호
주소 서울시 마포구 양화로 133 서교타워 711호
전화 02) 322-7802~3
팩스 02) 6007-1845
블로그 http://blog.naver.com/midasbooks
전자주소 midasbooks@hanmail.net
페이스북 https://www.facebook.com/midasbooks425

© 전소민, 미다스북스 2022, *Printed in Korea.*

ISBN 978-89-6637-264-5 03590

값 15,000원

엄마는 아이에게 가장 큰 세상이니까

엄마의 기분이
아이의 태도가
되지 않게

전소민 지음

미다스북스

엄마의 기분을 리셋하라!

엄마의 기분을 다시 처음부터 리셋하라. 그것이 육아의 시작이자 지름길이다. 외부에서 타인과의 관계, 또는 가정에서 부부 사이의 관계로 엄마의 감정은 수시로 변한다. 그때 엄마의 기분에 가장 많은 영향을 받는 건 아이들이다. 아이들과 가장 많은 시간을 보내는, 주 양육자인 엄마의 기분은 아이에게 가장 크게 영향을 끼친다.

엄마의 감정코칭이 중요한 이유이다. 아이의 태도의 문제가 아니다. 엄마 자신의 감정을 먼저 돌보고, 올바르게 다스려야 한다. 우리는 어린 시절, 감정 표현법을 제대로 배우지 못했다. 거의 억누르며 살아왔다. 그러기에 부정적인 감정이 생겨나면 그걸 억누르고, 타인의 칭찬이나 감사의 인사에는 어쩔 줄 몰라 하고 부끄러워 회피한다.

자신의 감정을 표현하는 법을 알지 못하고, 타인과의 관계를 맺는 일은 쉽지 않다. 아주 작은 일에도 서운하고, 혹시 '나를 무시하나?'라고 타인을 의심하기도 한다. 타인을 믿지 못하고 솔직하게 나를 드러내지 못한다. 심리학의 대가 아들러는 말했다.

"모든 고민은 인간관계에서 비롯된다. 또한 모든 기쁨도 인간관계에서 비롯된다."

　인간관계가 만족스럽지 못한 삶은 결코 행복할 수 없다. 아이와의 관계도 제대로 성장하지 못한다. 다시 처음부터, 아이와의 관계를 살펴보는 일부터 시작해보자. 오랫동안 가지고 있던 습관을 고친다는 게 쉬운 일은 아니다. 서툴고 어색하지만 충분히 바뀔 수 있다. 아이는 세상 누구보다 나를 사랑해주는 존재이다. 엄마를 아낌없이 받아주고 이해해준다. 아이와 함께라면 우리는 충분히 행복해질 수 있다. 아이를 나보다 낮은 존재라고 생각하지 말자. 평등한 위치에서 아이를 대하고 존중해보자. 아주 사소한 것 하나라도 아이의 의견을 듣고 결정해야 한다.

　나는 육아를 하면서 너무도 많은 실수와 잘못을 했다는 걸 뒤늦게 깨달았다. 그래서 이제 육아를 시작한 예비엄마와 아직 육아로 힘든 시간을 보내고 있는 엄마들이 나와 같은 실수를 하지 않기를 바라는 마음으로 이 책을 쓰게 되었다. 이 책은 총 5장으로 구성되어 있다.

1장에는 그동안 내가 잘못 생각하고 있었던 육아의 불편한 진실에 대한 이야기를 담았다. 흔히 일어나는 현실 육아의 모습을 낱낱이 이야기한다. 나의 실제 이야기를 위주로 담았다. 아마 많이 공감할 것이다. 2장에는 엄마의 감정을 다스리는 것이 육아의 시작이라는 이야기를 담았다. 육아할 때 가장 필요한 것은 인내심이다. 3장에서는 본격적으로 아이와 엄마가 함께 성장하는 8가지 원칙을 이야기한다. 4장은 엄마와 아이가 함께하는 슬기로운 독서법을 소개한다. 나는 독박육아를 독서를 통해 견뎌냈다. 책은 육아에서 결코 빼놓을 수 없는 최고의 처방전이다. 5장에는 아이의 오늘을 행복하게 만들기 위한 이야기를 담았다. 이 책을 통해 많은 엄마들이 행복한 육아를 할 수 있기를 바라본다.

나는 이제 나의 성장을 위해 매일 공부하고 나를 위해 투자한다. 아이에게 모든 걸 올인하고 자신의 삶을 방치하는 것은 가장 큰 죄이다. 더 늦기 전에 빨리 깨달아야 한다. 지금부터 자신의 꿈을 위해 시간을 쓰자. 내 삶의 주인공이 되어 살아간다면 아이는 엄마를 더욱 존경하고, 엄마에게 감사해할 것이다. 아이에게 최고의 롤 모델이 되어보자.

나는 평범한 주부이자 엄마였다. 하지만 나는 이제 작가가 되었다. 꿈이 있는 것과 없는 것은 하늘과 땅 차이다. 엄마들이여, 꿈을 가져라. 꿈을 가슴에 품고 사는 것은 가슴 떨리는 일이다. 그 느낌을 갖고 살아간다면 삶은 지금보다 더 활기차고, 즐거워질 것이다. 그리고 곧 그 꿈은 현실이 된다. 나는 이미 그 꿈이 현실이 되어 프롤로그를 쓰고 있다. 지금 나는 누구보다 행복한 엄마이다.

이 책이 나오기까지 엄마를 믿어주고, 함께 울고 웃으며 성장한 두 딸들에게 너무 고맙고, 사랑한다는 말을 전한다. 딸들이 있었기에 나는 이렇게 성장할 수 있었다. 시련은 성장을 가장한 선물이다. 지금까지 육아로 힘들었지만 그 시간들을 통해 나는 예전과 다른 내가 되었다. 아이를 키우면서 서로 다른 교육관으로 힘들기도 했지만, 항상 노력하려고 애쓰는 나의 영원한 동반자, 남편에게도 감사하다. 언제나 나를 위로해주고, 응원해주는 나의 하나뿐인 쌍둥이 언니에게도 너무 고맙다. 항상 걱정해주시는 부모님과 시부모님에게도 감사드린다.

이제 나는 작가로서 많은 사람들에게 용기와 행복을 전하는 동기부여가로 활동하며, 더 넓은 곳에서 선한 영향력을 펼치며, 행복한 삶을 산다.

목
차

1
장

나는 왜 내 기분 따라 아이를 대할까?

2
장

엄마의 감정을 다스리는 것이 육아의 시작이다

5
장

아이의 오늘을 행복하게 만들어라

나는 왜
내 기분 따라
아이를 대할까?

01

나는 왜
내 기분 따라
아이를 대할까?

엄마의 기분은 왜 하루에도 수십 번씩 변하는 걸까? 엄마는 매일 많은 사람들을 만난다. 그러다 보면 의도하든 의도하지 않든 인간관계를 맺게 되고, 거기에서 오는 수많은 감정으로 기분은 수없이 바뀌게 되고 아이에게도 영향을 준다.

심리학의 대가 아들러는 '모든 고민은 인간관계에서 비롯된다.'고 주장했다. 이처럼 엄마는 주변의 수많은 인간관계로부터 영향을 받는다. 그로 인해 감사, 기쁨, 행복을 느끼기도 하고 실망, 좌절, 슬픔, 분노라는 부정적 감정도 느끼게 된다. 여기서 문제는 부정적 감정이다. 많은 엄마들이 부정적 감정 표현에 인색하다. 화가 나도 화가 나지 않은 척, 슬퍼도 담담

한 척, 힘들어도 힘들지 않은 척 감정을 숨기려고 한다. 이유는 다양하다.

나는 어릴 때 부모로부터 감정을 표현하는 법을 제대로 배우지 못했다. 결혼 후 아이가 생기고는 남편과의 싸움이 있을 때면 아이들을 위해서 참으며 살았다. 그러다가 감정을 통제하지 못하게 되었을 때 도리어 아이에게 큰 상처를 주게 되었다. 엄마의 기분이 갑자기 온탕에서 냉탕으로 왔다 갔다 하는 모습을 본 아이는 혼란스럽고 힘들어했다. 그리고 그렇게 올바르지 않은 방법으로 감정을 표현하는 법을 아이들도 배우게 되었다.

아이는 오늘 무엇이 마음에 들지 않는지 옷장 앞에서 한참을 멍하니 앉아 있다. 등원 차량이 집 앞에 와서 기다리는 상황이라 나의 마음은 초조하다. 좋게 타일러보고, 잘 설명해도 듣지 않고 옷이 다 싫다고 무작정 울기만 한다. 아이의 감정을 읽어주려고 노력한다.

"지아야, 옷이 다 불편해?"
"그랬구나, 지아가 이제 많이 커서 옷이 좀 작아졌나 보네."
"이번 토요일에 아울렛에 가서 옷도 사고 맛있는 젤리도 사자."
"오늘은 이거 입고 갔다 오자. 빨리 입어야지, 선생님이 기다리셔."
"엄마랑 같이 입어보자."

엄마의 기분이 아이의 태도가 되지 않게

하지만 소용이 없다. 아이는 계속해서 떼를 쓴다. 결국 나는 화를 참지 못하고 아이에게 독설을 쏟아낸다.

"여기 있는 옷 다 싫어? 알았어. 그럼 싹 다 버릴 거야!"

결국 억지로 아무 옷을 입히고 아이를 안고 나간다. 발버둥 치는 아이를 선생님께 넘기고 차를 태워 보내고 가는 모습을 바라보면 마음이 무거워진다. 아이는 충분히 말로 자신의 감정이나 불만을 말할 수 있는데도 불구하고 울음과 떼로 표현했다. 아이의 그런 잘못된 감정표현은 모두 엄마를 보고 배운 것이다.

단단하지 못한 나의 내면은 주위 사람들의 말 한마디에도 영향을 받는다. 그리고 수없이 자책하고 흔들린다. 스트레스를 풀려고 모임에 나간적이 있다. 그중에는 말이 많고 무례한 사람이 한 명은 껴 있다. 상대방의 기분이나 입장은 생각하지 않고 오로지 주목을 받기 위해 다른 사람을 웃음거리로 만들거나 주제로 올린다.

"너는 젊은 애가 얼굴에 그늘이 있어!"
"네 딸들 왜 이렇게 말이 없어? 다 엄마 닮는 거야!"
"소민이 말 좀 하게 다들 조용히 해! 한마디 해봐."

갑자기 아무 예고 없이 여러 사람이 모인 자리에서 내 이름이 불리거나 내 이야기가 나오면 잘못한 것도 없는데 나도 모르게 긴장을 하고 얼굴이 달아오른다. 그리고 머릿속이 하얘진다. 그리고 집에 와서 '그때 나는 왜 한 마디도 받아치지 못했을까?'라고 계속 되새기며 그때의 상황을 떠올린다. 스트레스를 풀려고 나간 자리에서 나는 더 큰 스트레스를 받고 기분은 엉망이 되어 집에 돌아온다.

그리고 하원 후 아이들이 와도 내 정신은 온통 오전 모임 그 자리에 가있다. '그때 이 말을 했어야 했어!', '바보같이 왜 가만히 있었지?' 그렇게 후회하고 자기 자신을 하찮은 존재로 만들어버리고 만다. 내 기분은 그렇게 좋은 날보다 후회로 가득한 날이 더 많았다. 육아는 당연히 즐거울 수가 없었다. 온통 부정적으로 물들어버린 내 마음은 아이를 사랑의 눈으로 바라보지 못했다.

아이는 엄마의 '감정 받이'가 아니다. 더 이상 아이에게 감정을 쏟아내는 일을 하지 말자. 사랑하는 내 아이를 위해서라도 나의 감정을 그대로 느끼고 제대로 표현하며 다스려야 한다는 걸 깨달았다. 더 이상 자기 자신을 자책하고 비난하지 말자. 지금부터라도 마음의 근육을 만들자. 마음이 건강하면 몸은 저절로 건강해진다. 상처받은 내면 아이를 치유해야 진짜 내 아이를 잘 키울 수 있다. 언제 어디서든 당황하지 않고 무례한 사람들에게 단호하게 맞받아칠 수 있는 용기와 지혜가 필요하다.

나는 돌 무렵에 부모님의 이혼으로 아빠와 친할머니 밑에서 자랐다. 엄마의 빈자리가 너무나도 크게 느껴졌다. 클수록 엄마가 있는 친구들이 부러웠다. 강압적인 할머니는 언제나 나를 야단쳤고, 그럴수록 나는 점점 자존감이 낮아지고, 소극적인 성격이 돼버렸다.

'엄마가 있었다면 성격도 활발하고, 지금보다 더 잘 크지 않았을까?'라는 생각을 수없이 했다. 커갈수록 자신감은 점점 낮아지고, 나는 점점 더 작아졌다. 그렇게 나는 단단하지 못한 채 어른이 됐다.

결혼 후 아이를 낳고, 엄마가 더 원망스럽고 미웠다. 어떻게 이렇게 어린아이를 두고 떠날 수 있었는지 이해가 되지 않았다. 나는 엄마처럼 되지 않으려고 힘들어도 힘들지 않은 척, 아파도 안 아픈 척 마음을 숨기며, 육아를 오롯이 혼자서 해냈다. 그렇게 마음의 병을 끌어안고 육아를 하고 있었다. 그러던 어느 날, 누군가를 미워하고 원망한다는 것은 참으로 어리석고 미련한 짓이라는 걸 깨달았다. 나는 이제 나를 위해서 엄마를 용서하기로 했다. 그 후 나는 아이를 바라보는 마음이 조금 편해졌다.

운동으로 알게 된 지인이 있다. 집 근처에 캠핑장에 가서 지인을 초대했다. 지인의 아이는 남자아이들이었다. 낯가림이 있는 내 아이들은 처음에 잘 어울리지 못했다. 그래서 친해지라고 영화를 스크린으로 틀어주었다. 근데 내 아이들과 지인의 아이들이 좋아하는 게 달랐다. 남편은 어쩔 수 없이 남자아이들이 보는 로봇 만화 영화를 틀어주었다. 내 아이들이 싫다며 울고 떼를 쓰기 시작했다.

"지윤아, 지아야~ 오늘은 친구 초대했으니까 친구가 보고 싶은 거 한 번만 보자."
"그래야 다음에 또 놀러오지~"

좋은 말로 아이들을 달랬지만 소용이 없었다. 결국 아이들을 혼내고 말았다. 분위기는 삽시간에 엉망이 돼버렸다. 그날 지인을 챙기느라 정작 내 아이들을 돌보지 못하고, 나도 힘이 들었다. 그날 그렇게 지인이 돌아가고 난 후 나는 마음이 너무 헛헛했다. '내가 무슨 짓을 한 거지? 이 여행은 누굴 위한 거였지?'라는 생각이 들었다. 아이들에게 너무 미안해서 진심으로 사과했다. 그리고 우리 부부는 결심했다. 앞으로 여행은 우리 가족끼리 다니자고. 소중한 내 아이들과 다시는 돌아오지 않을 이 시간을 다른 사람들로 인해 망치지 않기로 맹세했다. 물론 아이들의 사회성 발달을 위해서는 타인과의 만남을 피할 순 없다. 이제 그런 상황이 생겨도 불편함을 감추고 애쓰지 않는다. 내 아이들에게 강요하거나 혼내는 일은 없다. 내 아이들을 먼저 살피고 나의 마음을 돌본다.

몇 달 전 친구와 식사를 하던 중에 같이 운동을 해보자는 얘기가 나왔다. 바로 알아보니, 마침 집 근처에 새로 오픈한 운동 센터가 있었다. 트램펄린 점핑을 3개월 끊었다. 다이어트도 되고 음악을 좋아하기도 해서 스트레스를 풀기 위함이었다. 처음에는 트램펄린 위에서 뛰는 게 무서웠다. 며칠 지나자 점차 재밌어졌다. 그렇게 즐겁게 운동하며 나는 조금씩 운동에 재미를 붙이고 있었다. 어려운 동작은 내가 할 수 있는 정도만 하고 내 나름대로 즐기고 있었다. 음악이 한 곡 끝나고 숨을 고르고 있는 나에게 강사가 다가와 너무 아무렇지 않게 말했다.

"본인이 뻣뻣한 거 알죠?"
"네…."

강사는 내게 왜 그렇게 무례하게 말했을까? 친해지려고? 잘난 척하기 위해? 나는 그 순간 운동이 재미없고, 싫어졌다. 그 일이 있고 스트레스는 인간관계와 연결된 것으로는 해결될 문제가 아니라는 것을 알았다. 도리어 또 다른 고민이 되어 나를 괴롭히고 있었다.

세상에는 그렇게 무례하게 선을 넘는 사람이 너무 많다. 그런 사람들 때문에 상처받는 바보 같은 짓은 더 이상 하지 말자. 나의 잘못이 아니다. 그들이 잘못된 것이다. 그들은 평생 자기의 잘못도 모르고 그렇게 살아갈 것이다.

이제 불필요한 만남으로 감정소비를 하거나 시간을 낭비하지 않는다. 이제야 나를 아낌없이 사랑하는 방법을 알게 되었다. 나를 먼저 사랑하고 아껴야 아이도 사랑할 수 있다. 아직 늦지 않았다. 아이 때문에 힘들다고 외부에 나가서 더 스트레스 받지 말자. 어린아이가 되어 아이들과 친구가 되자. 내 감정을 있는 그대로 느끼고 솔직하게 이야기해보자. 아이는 엄마의 감정을 다른 누구보다 더 많이 공감해준다. 나는 아이들과 하루를 감정카드로 마무리한다. 오늘 하루는 어떤 하루였는지 긍정적 감정도 소중하지만, 부정적 감정도 소중하다는 걸 나도 다시 아이가 되어 함께 알아간다. 내가 내면 아이의 엄마가 되어주자. 어릴 때 받지 못했던 사랑을 지금부터 천천히 자신에게 주자. 아이가 커가듯이 나의 내면 아이도 건강해질 것이다. 아이를 바라보는 나의 마음도 넓어지고, 여유가 생길 것이다.

나는 왜
아이의 태도만
고치려고 했을까?

"지윤아, 큰엄마, 큰아빠께 인사해야지."

명절에 시댁에 친척들이 모이면 어김없이 남편과 나는 이렇게 아이에게 인사를 시켰다. 큰아이가 6세쯤부터 가족이 아닌 다른 사람들을 만나면 어려워하고 부끄러워했다.

처음엔 낯가림이라고 생각하고 대수롭지 않게 생각했다. 하지만 시간이 지날수록 아이는 점점 더 낯선 사람들을 쳐다보지도 못하고 말도 하지 않았다. 그런 아이의 모습이 마치 나를 보는 것 같았다. 그래서 너무 창피하고 속상한 마음에 억지로 머리를 숙여서 인사를 시켰다.

그런 아이를 보고 남편은 "에이~ 인사도 못하고 바보네." 하고 진담 반 농담 반이 섞인 말을 하기도 했다. 그렇게 말하는 남편이 야속했다. 그렇게 노력했지만 아이는 좋아지지 않았다. 그 후로도 아이는 선생님이나 외할머니, 외할아버지, 심지어 친구들을 만나도 인사하는 걸 힘들어하고 부끄러워했다.

어느 가족 행사 때 친척분들이 부끄러워하는 아이에게 안부를 묻고 계속 말을 걸었다.

"지윤이 벌써 학교 들어갔구나! 어느 초등학교 다녀?"
"......"
"학교 재밌어?"
"......"

아이가 대답을 못 하고 긴장해 있으면 나도 덩달아 초조해진다. 어느 순간 내가 대답을 하고 있다. 일부러 아이를 괴롭히는 것 같이 느껴진다.

"무슨 애가 대답을 안 해? 학교에서는 말하지?" 하며 나에게 답답하단 듯이 물었다. 순간 나는 너무 화가 난다.
"애가 부끄럼을 많이 타서 그래요. 학교에서 발표는 잘해요!"

"그럼 됐지 뭐." 하며 그 상황이 마무리됐지만 그날 기분이 좋지 않았다.

채널A 〈요즘 육아 금쪽같은 내 새끼〉라는 프로그램이 있다. 어느 날 내 아이와 똑같은 행동으로 고민을 하는 엄마가 나왔다. 그 아이는 동생과 엄마랑 놀이터에서 즐겁게 놀고 있었다. 그때 동네 친구들과 언니들이 몰려들자 극도로 긴장한 모습을 보이며 표정이 어두워졌다. 그때 아이 옆으로 언니 한 명이 다가왔다. 그 엄마 역시 나처럼 "ㅇㅇ야, 언니 안녕! 해봐."라며 아이에게 인사하고 말해보라고 강요하고 있었다.

아이는 말이 없었다. 정말 내 아이를 보는 듯했다. 그 아이는 대학병원에 가서 검사까지 했다고 했다. 선택적 함구증이라는 진단을 받았다고 했다. 순간 내 심장은 덜컥 내려앉았다. 내 아이도 같은 병일지도 모른다는 불안함이 몰려왔다. 너무 무서웠다. 바로 소아정신과에 검사를 예약했다. 다행히 아니라고 했다. 다만 정서적으로 불안한 상태라고 했다.

그 후 나는 아이에게 인사가 너무 힘든 일이었다는 걸 알았다. 어른에게는 사소한 일이지만 아이에겐 벅찬 일일 수도 있다. 아이가 그러는 데에는 다 이유가 있다. 아이는 엄마를 일부러 골탕 먹이기 위해 그러는 것이 아니다.

걱정스러운 마음에 선생님께 상담을 한 적이 있었다. 다행히 학교에서는 대답도 잘하고 친구들과 문제가 생겼을 때도 선생님께 와서 얘기를 한다고 했다. 발표도 용기 내서 곧잘 한다고 했다. 그 사실에 나는 너무 놀랐다. 아이의 행동을 항상 지적하고 평가하는 엄마가 아이는 부담스러웠던 것이다. 그래서 내가 옆에 있을 때 말을 못 하고 눈치를 본 것이다. 아이가 엄마가 좋은데 무섭다고 말한 적이 있다. 그때 난 큰 충격을 받았다. 아이에게 친구 같은 엄마가 되어주고 싶었는데 나는 아이에게 부담을 주는 엄마가 돼버린 것이다.

윤우상은 저서 『엄마심리수업』에서 이렇게 이야기한다.

"아이의 움츠리는 행동이 바로 자발성이다. 밖으로 펼치는 힘만 자발성이 아니다. 아이의 자발성을 그대로 존중해주고 기다려주면 아이는 점차 낯선 환경에 적응하고 펼치는 자발성도 살아난다."

우리는 아이를 존중하고 편안하게 인사할 수 있도록 기다려주어야 한다. 하지만 엄마는 조금도 기다리지 못하고 아이를 다그친다. 그러면 아이는 점점 더 인사에 대한 부담감과 두려움이 생긴다. 엄마의 조급증이 아이를 더 소심한 아이로 만든다. 아이는 그대로 완전체다. 아이의 태도를 자꾸 색안경을 끼고 바라보지 말자. 아이에게서 나의 단점이 보여도 아이는 내가 아니다. 아이의 태도를 고치려고 애쓰지 말자. 그저 기다려 주는 게 엄마의 몫이다.

　여느 때처럼 등원 준비로 바쁜 시간이었다. 그날은 아침 간식을 준비할 시간이 부족해서 곡물로 만든 길쭉한 모양의 과자를 접시에 올려놨다. 큰아이는 맛있게 잘 먹고 학교 갈 준비를 하고 있었고 막내아이는 늦잠을 자서 늦게 식탁에 앉았다. 길쭉한 과자를 집더니 갑자기 거실로 집어던지는 게 아닌가! 나는 순간 너무 화가 나서 아이에게 먹는 걸 던지면 안 된다고 혼을 냈다. 아이는 자지러지게 울면서 먹기 싫다면서 악을 썼다. 아이가 왜 그런 행동을 했는지 이유도 묻지 않은 채 나는 아이를 혼냈다. 겨우 진정시키고 간식을 왜 던졌는지 물어보았다. 아이는 길쭉한 과자가 치즈스틱인 줄 알았는데 과자라서 너무 실망했다는 것이었다. 순간 나는 아이에게 미안했다. 나는 아이가 먹기 전에 간식을 준비하지 못해서 과자를 먹어야 한다고 미리 말을 했어야 했다. 그럼 아이는 과자를 던지지 않고 다른 간식을 달라고 말했을 것이다. 물론 화가 난다고 음식을 던지는 행동은 잘못된 행동이다. 하지만 아이가 왜 그랬는지 아이의 마음을 일단 먼저 알아주고 훈육을 해야 한다.

　큰아이가 여섯 살, 작은아이가 네 살 때 남편이 사업을 시작하게 되었다. 함께 해보자고 해서 아이들을 근처에 사시는 시댁에 맡긴 적이 있다.

나도 오랫동안 경력이 단절돼서 새로운 일을 해보고 싶었다. 그리고 남편과 열심히 해서 좋은 아파트로 이사해서 아이들과 행복하게 살고 싶었다. 처음 시작은 너무 좋았다. 아이들도 생각보다 엄마를 찾지 않고 할머니, 할아버지와 잘 지냈다. 그래서 아이들을 주말에만 집에 데리고 오기로 했다. 그리고 몇 달이 흘렀다.

어느 토요일 저녁에 집으로 온 아이들은 할머니네에서 이제 자기 싫다고 엄마랑 있고 싶다면서 울었다. 하지만 나는 심각하게 생각하지 않았다. 아이들을 억지로 떼놓고 일을 하러 나갔다. 그러던 중 큰아이가 어린이집에서 한 친구에게 집착을 보인다는 선생님의 전화를 받았다. 너무나 충격적이었다.

"지윤아, 요즘 라희랑만 놀아?"

"응."

"근데 라희는 다른 친구랑도 놀고 싶대."

"안 돼! 나랑만 놀아야 돼."

"지윤이가 다른 친구랑 못 놀게 해서 라희가 힘들대."

"이제 라희 싫어! 다른 유치원 다닐 거야!!!"

일곱 살이 되면 동생과 함께 유치원에 보내려고 계획을 하고 있었는데 그 일이 생기고 결국 큰아이 먼저 유치원으로 옮겼다. 유치원에서는 그러지 않겠다고 약속했다. 하지만 거기서도 한 친구랑 놀고 그 친구가 안 나오는 날이면 자기도 유치원에 가지 않겠다고 울었다. 나는 너무 화가 나서 우는 애를 혼내고 매를 들었다. 아이는 말보다 떼를 쓰고 악을 쓰는 날이 더 많아졌다. 표정도 무표정으로 변해버렸다. 자신의 말을 들어주지 않으면 손톱으로 얼굴을 긁는 자해 행동까지 보였다.

나는 그때 나의 잘못을 깨달았다. 내가 일을 시작한 순간부터 아이는 힘들었지만, 엄마에게 칭찬받고 싶고 엄마를 위해서 괜찮은 척했던 것이다. 엄마의 감정표현을 보고 배운 것이다. 그러다 점점 시간이 갈수록 엄마가 그립고 보고 싶었던 것이다. 그래서 친구에게 집착하고 자해까지 했던 것이다. 그 당시에 나는 아이의 문제를 제대로 직시하지 못했다.

아이가 문제 행동을 보일 때 좀 더 신중하게 진짜 마음을 알아봐야 한다. 아이가 그러는 데는 다 이유가 있다. 그때 아이는 엄마 대신 친구에게 애착을 보였다. 나는 그 일을 후회한다. 그때 당시 아이를 더 많이 안아주고 괜찮다고 그리고 이렇게 말했어야 했다. 엄마가 이제 라희보다 더 좋은 친구가 되어주겠다고.

지금도 늦지 않았다. 아이를 지적하며 태도를 바꾸려고 애쓰지 말자.

엄마도 아이도 모두 힘들어진다. 엄마가 자신을 사랑하고 있다는 확신이 들게 믿어주자. 아이는 엄마의 사랑에 확신이 없을 때 가장 많은 불안을 느끼고 슬퍼한다. 엄마의 사랑이 가득해야 자신을 사랑할 수 있는 자존감도 커진다.

03

나도 모르게
부정적인 감정에
잡아먹히는 진짜 이유

우리가 아이를 키우면서 끊임없이 부정적인 감정에 잡아먹히는 진짜 이유는 4가지가 있다.

첫째, 아이를 키우는 일이 처음이기 때문이다. 아이마다 기질이 다르고 성향도 다르다. 첫째와 둘째는 완전히 다르다. 그러기에 엄마들은 매 순간 불안과 긴장이 따른다. 혹시나 아이가 잘못되지 않을까 하고 불안은 계속된다. 유난히 큰아이는 신생아 때부터 토를 많이 했다. 아이에 대해 전혀 알지 못했던 나는 조리원을 나오는 그 순간부터 불안과 걱정 속에 살아야 했다. 주위에 도와줄 사람도 없었고, 여기저기 물어봐도 아는 사람이 없었다. 그래서 소아과에 많이 다니기도 했다. 의사는 괜찮다는 말만 해줄 뿐이었다. 그러던 중 생후 6개월쯤에 갑자기 먹은 분유를 전부 토하는 일이 벌어졌다. 계속해서 토를 하던 아이는 갑자기 몸이 축 처졌다. 아이를 안고 응급실로 향하는 중 나는 너무 무서워서 아이가 숨을 쉬는지 계속해서 확인했다. 아이의 숨이 점점 얕아지고 있었다.

병원에 도착한 후 검사가 진행되는 동안 수많은 생각과 부정적인 감정에 나는 잡아먹히고 말았다. '장중첩증'이라는 병이었다. 아이의 장이 말려 들어가서 항문에 기계를 넣어서 바람을 불어 펴야 한다고 했다. 그때 수술 동의서를 쓰면서 가장 무섭고 떨렸다. 다행히 아이는 괜찮아졌다. 하지만 그 뒤로도 큰아이는 장염과 신우신염, 폐렴, 독감, 수족구 등등 거의 모든 전염병을 한 번씩 거치면서 컸다. 그때마다 나는 불안과 죄책감을 느껴야 했다. 세 돌쯤 지나자 아이는 거의 병원에 다니지 않게 됐다. 그런 일들을 겪고 나니 아이는 아프고 나면 큰다는 말을 이해하게 됐다. 아이는 아픈 만큼 성장하고 있었다. 지금은 아주 건강하고 튼튼하다. 항상 아기 같기만 하던 아이가 어느 순간 의젓해졌다.

둘째, 남들과 비교하며 경쟁 속에 살고 있다. 엄마는 자신뿐 아니라 남편과 아이를 남들과 비교하며 경쟁하듯이 살아간다. 나는 친구와 같은 시기에 임신했다. 그때 나는 둘째였고 친구는 첫아이였다. 모임에서 만난 자리에서 한창 이야기 중이었다. 그때 당시 나는 만삭이었다. 큰아이를 씻기는 게 너무 힘들고 집안일이며 화장실 청소도 하는 게 이제 벅차다고 이야기했다. 갑자기 친구가 화들짝 놀라며 나에게 말했다.

"화장실 청소를 어떻게 해? 나는 남편이 집안 청소랑 화장실 청소도 다 해!"
"배가 이렇게 나왔는데 큰애를 안고 어떻게 씻겨? 대박이다."

마치 다른 세계에 살고 있는 듯했다. 나는 해야 하니까 당연히 하고 있었는데 친구가 그렇게 말하는 순간 내가 초라하고 불쌍하게 느껴졌다. 착한 남편 만나서 집안일도 안 하고 편하게 태교만 하고 있는 친구가 부럽고 얄미워졌다. 집에 와서 나는 생각이 많아지고 우울해지기 시작했다.

일을 마치고 돌아온 남편에게 모임에서 있었던 일을 이야기했다. 자기는 도와주지 못해서 미안하다는 말을 기대했지만 버럭 화를 냈다. 친구 남편은 시간이 많은 거 아니냐며 다른 사람과 비교하지 말라면서 화를 냈다. 그 일로 우린 크게 싸웠다. 그때 정말 많이 울었던 기억이 난다. 둘째 임신하고 웃는 날보다 울었던 날이 더 많았다. 나의 행복을 찾기보다 남과 비교하며 불행을 생각하고 이야기했다. 그럴수록 점점 더 불행해진다는 걸 깨닫기까지 많은 시간이 걸렸다. 이제 나는 누구와도 비교하고 경쟁하지 않는다. 과거의 나와 비교하며 앞으로 더 나아가는 중이다.

한창 '엄친아', '엄친딸'이라는 말이 떠오른 적이 있다. 요즘 아이 친구의 엄마와 친구처럼 친하게 지낸다. 자주 만나서 소통하고 카톡도 보내면서 주말 스케줄도 같이 잡고 집에도 놀러 가기도 한다. 친구 집에 가면 책이 많다. 아이가 거의 혼자서 읽는다고 해서 놀랐다. 내 아이는 책을 거의 읽지 않았다. 내가 읽어주는 날이 많았다. 그날 후로 나는 아이를 닦달했다. 아이는 책과 점점 더 멀어지고 아이는 티브이만 보려고 했다. 그럴수록 내 속은 답답하고 걱정만 커갔다. 아이의 친구는 나를 만나면 인사도 예의 바르게 잘하고 말도 잘했다. 내 아이와 너무 다른 모습에 부러움과 속상함이 생긴다. 비교하면 정말 끝이 없다. 빨리 정신을 바싹 차리고 다름을 인정해야 한다. 그래야 나도 아이도 살 수 있다.

셋째, 엄마의 어린 시절에 해결되지 않은 의존 욕구 때문이다. 의존 욕구란, 아이가 부모에게 자신이 느끼는 감정을 인정받고 보호 받고 싶어하는 욕구다.

오은영 박사의 『못 참는 아이 욱하는 부모』에서 다음과 같이 이야기했다.

"의존 욕구가 해결되지 않으면 아이든 남편이든 상대에게 '네가 나를 이해해야지, 내가 감정적으로 힘들면 네가 내 감정을 보호해줘야지, 내가 위로가 필요하면 네가 위로를 제공해야지.'라는 입장을 갖게 된다. 사실 그것은 부모로부터 받았어야 하는데 그것을 아이한테 요구하는 것이다. 그래서 끊임없이 욱하고 짜증을 부린다.”

나는 어릴 때부터 눈물이 많았다. 그때 엄마의 부재로 무척 힘들었다. 나의 할머니와 아버지는 내 마음을 알아주지 않고 울음을 그치게 하는데 급급했다. 눈물을 그치지 않으면 야단을 맞았고 가끔 매를 맞는 날도 있었다. 그래서 나는 억지로 울음을 그쳐야만 했다. 그래서 감정이 다 풀리지 않고 항상 가슴에 남아 있었다. 나의 억울하고 속상한 감정을 제대로 인정받지 못하고 보호 받지 못했다. 그런 상태에서 나는 어른이 됐고 엄마가 됐다. 그런 마음 상태에서 나의 모든 것을 다 아이에게 내어주어야 하는 현실이 너무 버겁고 어려웠다. 아이의 감정을 제대로 이해하지도 못하고 보호해줄 생각도 하지 못했다.

아이는 어릴 적에 내 모습처럼 우는 날이 많았고 겁도 많고 낯가림도 심했다. 그런 모습이 나도 모르게 화가 나고 답답했다. 아이를 다그치고 야단쳤다. 나는 결국 나의 할머니가 하던 방식 그대로 아이에게 하고 있었다. 나는 모든 일에 매사 부정적이고 자신이 없었다. 그러던 어느 날 아이가 나의 성향을 닮아가고 있다는 걸 알게 됐다. 아이는 조금만 불편한 감정이 들면 참지 못하고 불같이 악을 쓰고 소리를 질렀다. 학교도 가기 싫고 친구들도 싫고 선생님도 무섭고 다 싫다고 했다. 아이에게 즐거운 일은 아무것도 없었다. 아이는 웃지 않았다. 그림을 그려도 무표정의 그림만 그리고 웃는 얼굴보다 웃지 않는 얼굴이 더 예쁘다고 했다. 그런 아이의 모습을 보면서 나는 또다시 깊은 슬픔과 자책에 빠졌다.

넷째, 나쁜 그 사람, 불쌍한 나라는 핑계이다. 나는 아이와 남편에게 많은 걸 양보하고 희생하고 있다는 피해 의식이 있었다. 그래서 '내가 이 정도까지 하는데 '말을 잘 들어야지, 고마워해야지.'라며 혼자 보상을 기대했다. 그런데 시간이 지나자 나의 배려를 당연하게 생각하고 고맙게 생각하지 않았다.

베스트셀러인 기시미 이치로, 고가 후미타케의 『미움 받을 용기2』에서는 대부분의 사람이 불쌍한 자신을 알아달라고 하소연하지만, 말을 들어주는 사람이 있다고 해도 일시적인 위로만 될 뿐 본질을 해결하지는 못한다고 말한다. 상대를 비난하고 자신을 피해자로 만드는 행위를 통해 자기 자신을 부정적인 감정에 잡아먹히게끔 하고 마는 것이다.

타인과의 관계에서도 마찬가지였다. 싫지만 다른 사람의 입장을 생각해서 갑작스럽게 하는 부탁도 거절하지 못했다. 그렇게 남들을 의식하면서 불편을 감수하고 관계를 유지했다. 그들은 모두 나를 착하다고 말했다. 나는 착하다는 말이 너무 싫었다. 그 말을 들으면 어리숙하고 순둥이 같다는 말로 들린다. 그 말을 들으면 계속 내가 착해야 할 거 같은 부담이 생겼다. 내가 이 정도 했으니까 상대도 무엇인가 해주지 않을까 하는 막연한 기대를 한다. 그러다 아무런 보상이 없거나 고마움을 몰라주면 나는 실망하고 관계를 일방적으로 끊어버렸다.

남편과 아이에게 무엇도 바라지 않고 헌신한다는 일은 말처럼 쉬운 일은 아니다. 마음에서 진심으로 원하는 일을 하자. 그래야 부정적인 감정에서 살아남을 수 있다. 내가 그 감정에서 헤어나오지 못하고 허우적대면 아이뿐만 아니라 남편까지 부정적인 감정의 늪에 빠지게 된다. 감정은 타인에게 전염된다. 가족의 분위기는 엄마에게 달려 있다. 가족을 위해서 억지로 하는 희생 같은 건 하지 말자. 진짜 마음이 원하고 행복한 일을 하자. 엄마는 달라질 수 있다. 이제부터 어떻게 무엇을 할지를 고민하자. 과거는 중요하지 않다.

04

지금 내가
힘든 건 정말
아이 때문일까?

나는 결혼 5년 만에 아이를 갖기로 결심했지만 쉽게 아이가 생기지 않았다. 그때 내 나이가 30세였지만 다낭성 난소 증후군이라는 희한한 병이 있어서 생리 불규칙으로 임신이 어렵다고 했다. 첫 임신은 비정상 임신으로 제대로 수정이 안 되었다고 했다. 믿을 수가 없어서 병원을 3군데나 옮겨 다녔다. 하지만 결과는 똑같았다. 결국 허무하게 유산을 했다. 그때 정말 힘들었다. 일을 핑계 삼아 아이 계획을 미뤘던 내가 너무 후회되고 원망스러웠다.

그렇게 힘든 나날이 계속되고 다시 임신하기 위해 부단히 애를 썼다. 그때 마침 고등학교 동창 모임이 있었는데 아이가 있는 친구들이 힘들어하면서 하소연하고 고충을 얘기했다. 그런데 나는 그 모습이 너무 얄밉고 싫었다. 나는 아이를 갖고 싶어도 낳을 수 없는데 그 친구들이 복에 겨운 투정을 한다고 생각했다. 그래서 그 친구들과 말싸움이 일어났다. 그때 당시에는 도저히 이해할 수 없었다. 예쁜 아기랑 같이 있는데 뭐가 그렇게 힘들고 어려운지 그땐 알지 못했다.

그리고 얼마 후 나에게 첫아이가 찾아왔다. 정말 꿈을 꾸는 듯했다. 믿을 수 없었다. 내가 아이를 갖다니! 우리 집에 첫 손녀라 부모님이 너무 좋아하셨다. 그렇게 나는 첫아이를 10개월 꽉 채우고 4.14kg의 아주 건강한 딸을 낳았다. 아이가 태어난 그 순간을 잊을 수가 없다. 머리숱이 많아서 아주 새카만 편이었다. 얼굴은 퉁퉁 불어 있었지만 너무 예뻤다. 내가 낳았다는 게 믿을 수가 없었다. 젖을 물리면서도 조금만 입으로 오물오물 먹는 모습도 너무 신기하고 우는 모습조차 예쁘고 사랑스러웠다. 아이 사진을 찍고 여기저기 SNS에 사진을 올리고 수시로 카톡 프로필 사진도 바꿨다. 이제 나는 어느 누구도 부럽지 않고 행복했다.

아이는 산후조리원에 있는 동안 정말 순했다. 그때까지만 해도 나는 육아의 고통과 어려움을 알지 못했다. 조리원 선생님도 아이가 너무 순하다며 칭찬을 아끼지 않았다. 하지만 집에 돌아온 그 순간부터 아이는 하루 종일 울어댔다. 도저히 아이가 왜 우는지 이유를 알지 못했다. 그때부터 나의 불안은 시작됐다. 아이는 보통 아이들보다 2배 넘게 분유를 먹었다. 모유 양이 적어서 그런 건가 해서 분유로 먹였다. 젖병 한 통을 다 먹고도 더 달라고 울어댔다. 그러고 나서 어김없이 분수토를 했다.

그때부터 나는 미친 듯이 네이버에 검색을 해댔다. 아이가 토하는 이유부터 평균 분유량 등등 내가 유일하게 의지할 수 있는 것은 네이버뿐이었다. 주위에 물어봐도 내 아이처럼 그렇게 심하게 토하는 아이는 없었다. 아이는 분유를 먹는 시간 빼고 계속 울기만 했다. 그렇게 백일이 지나고 차츰 우는 횟수가 줄었다.

아이가 태어나고부터 나의 독박육아는 시작됐다. 남편은 하루 12시간을 일하고 집에 와서 바로 곯아떨어지고 아이는 돌보지 않았다. 집안일도 오로지 내 몫이었다. 나는 집안일을 하기 위해 어쩔 수 없이 아이에게 TV를 보여주었다. 그동안은 울지 않고 잘 보고 있어서 집안일을 할 수 있었다. 그때 그게 아이에게 가장 안 좋은 행동이었다는 걸 알지 못했다. 아이를 항상 엄마 옆에 두고 엄마가 하는 일을 보면서 대화를 나누고 눈을 맞추고 애착형성이 가장 중요한 시기였다. 그러나 나는 미련하게 집안일에 목숨을 걸고 있었다. 그렇게 티브이 보는 시간이 점점 길어지면서 아이는 말이 느리고 전혀 내 말을 듣지 않았다. 말은 안 하고 계속 떼를 쓰는 일이 많아지고 나는 점점 힘들어져 갔다.

그렇게 나는 초보 엄마로서 하루하루를 힘들게 살고 있었다. 그런 와중 나에게 둘째가 찾아왔다. 둘째는 입덧이 너무 심해서 음식을 먹을 수 없었다. 링거를 맞아도 소용이 없었다. 아이비라는 크래커를 간간히 먹으면서 속을 채웠다. 큰아이가 먹을 음식을 해야 하기에 마스크를 쓰고 요리를 했다. 둘째를 임신하는 순간부터 정말 지옥이었다. 하나님은 왜 나에게 이런 시련을 주셨는지 원망하고 미움만 가득해졌다.

그렇게 힘든 시간을 보내고 둘째가 태어났다. 둘째 아이를 처음 보는 순간 큰아이 때와는 다른 느낌이었다. 미안함과 고마움이 느껴졌다. 둘째는 열 달 동안 너무 힘들어서 제대로 된 태교도 하지 못했다. 그리고 우울증으로 우는 날이 정말 많았다. 아이가 그래도 건강하게 무사히 잘 태어나줘서 고마웠다. 그런데 아이는 이상하게 젖을 물지 않고 분유만 먹으려고 고집을 부렸다. 초유만 한 달 겨우겨우 먹였다. 둘째는 좀 더 쉽게 키울 수 있을 거 같다는 나의 예상은 아주 큰 착각이었다.

둘째를 낳고 남편과의 사이는 점점 더 나빠지기 시작했다. 서로 다른 육아 방식과 생각이 아이들을 더 혼란스럽게 만들었다. 급기야 아이들을 앞에 두고 큰소리로 싸우는 일이 잦아졌다. 아이들은 이러지도 저러지도 못하는 상황에서 숨죽이고 있었다. 그렇게 아이들은 자존감이 낮아지고 애착분리불안으로 유치원에 등원할 때마다 전쟁을 치러야 했다. 점점 아이들은 나에게 집착했고 아빠의 눈치를 보며 무서워했다. 그럴수록 나는 힘들고 아이들에게 감정적으로 대하는 날이 많아졌다. 이제 아이가 처음 태어났을 때의 감동과 행복은 온데간데없이 사라지고 없었다. 어떻게 하다가 내가 이렇게 된 걸까? 나의 사랑스럽고 예쁜 아이를 왜 나는 짐처럼 느껴지고 힘든 걸까? 나는 아이가 커갈수록 아이와의 감정싸움에 휘말리고 자책하고를 반복했다. 상황은 나아지지 않고 더 심각해졌다. 감정 코칭을 시도했지만 매번 실패였다.

나는 아이의 미성숙함을 인정하지 못하고 아이가 잘못하거나 실수하면 불같이 화를 내고 참지 못했다. 아이에게서 나를 발견하고 측은하고 가여운 마음을 가져보자. 나의 어린 시절의 모습을 생각하면서 인내심을 갖고 기다려보자. 아이는 스스로 눈물을 멈추고 방법을 생각해내고 말한다. 먼저 문제에 대해 대안을 지시하지 말고 아이 스스로 어떻게 할지 결정할 수 있는 시간을 주자. 아이는 분명 좋은 대안을 생각해낼 것이다.

얼마 전 큰아이 여름 방학이 시작되었다. 아이는 돌봄 교실을 신청한 상태였다. 주말이 지나면 이제 돌봄 교실에 가는 날이다. 그런데 일요일 오후 갑자기 아이가 돌봄에 가지 않겠다며 울고 떼를 쓰기 시작했다. 나는 화가 나기 시작했지만 참았다. 아이는 그 뒤로 한참을 울었다. 그러더니 내게 다가와 말했다.

"엄마, 점심시간 끝나고 1시에 꼭 데리러 와야 돼!"

나는 아이를 꼭 안아주었다. 아이가 스스로 상황을 인정하고 받아들인 것이다. 이처럼 아이의 울음소리가 무척 신경 쓰이겠지만 충분히 자기감정을 잘 표출할 수 있도록 기다려주어야 한다. 나는 그동안 그걸 참지 못하고 아이 울음을 억지로 멈추게 했다. 지금도 아이의 감정을 인정하지 못하고 다그치고 있다면 멈추길 바란다.

또한, 내가 지금 힘든 이유가 아이 때문만은 아니라는 생각이 들었다. 그 이유를 천천히 생각해보았다. 남편과의 역할 분담이 문제였다. 나는 혼자서 모든 집안일을 하고 있었다. 그로 인해 남편에 대한 불만과 피로가 쌓이고, 예민해져 아이들을 대할 때 이성적이기보다 감정적으로 대하게 된 것이다. 사랑하는 나의 아이들을 위해 집안일에 대한 압박감과 집착을 버리자.

하루는 아무 생각하지 말고 책도 보고 영화도 보고 내가 좋아하는 걸 하자. 다른 누군가에게 기대하고 바라지 말고 내가 나에게 보상을 하자. 죄책감 따윈 던져버리자. 난 충분한 가치가 있다. 내가 진심으로 원하는 것이 무엇인지 버킷리스트를 작성해보자. 하나하나 실천해나가다 보면 성취감과 행복감이 나를 채우게 될 것이다.

남편과 집안일을 분담하자. 말하지 않아도 알아서 해주길 바라지도 기대하지도 말자. 말하지 않으면 남편은 알지 못한다. 분리수거가 넘치는 것도, 쓰레기통에 휴지가 넘치는 것도 보이지 않는다. 남편도 분리수거나 설거지 정도는 충분히 할 수 있다.

우리를 가정이라는 사회의 일원이라고 생각하고 남편을 신입사원으로 생각하자. 무엇을 해야 하는지 모르는 사원에게 일을 정해주자. 스스로 찾아서 하는 남편은 드물다. 하고 나면 마음에 차지 않더라도 고맙다고 말해보자. 그 일이 남편의 몸에 밸 때까지 계속 반복해서 알려주자. 그럼 남편도 어느 순간 부장급으로 승진하는 날이 올 것이다.

내가 내키지 않는 일을 가족이나 타인을 위해서 억지로 하고 고마움을 강요하지 말자. 그것이 부정적인 감정의 불씨가 된다. 나를 희생하는 건 사랑이 아니다.

후지모토 사키코의 『돈의 신에게 사랑 받는 3줄의 마법』에서 저자는 말한다.

"시간이든 에너지든 돈이든 주고 나면 잊어버린다. 따라서 플러스만 존재한다. 만일 보답을 받으면 플러스 위에 플러스다."

내가 가족을 위해 무엇인가 했다면 그 어떤 보상도 바라지 말고 잊어버리자. 내 시간과 에너지를 빼앗겼다고 억울함을 갖지 말자. 그 행동으로 인해 우리의 가치는 더 높아지는 것이다. 나 스스로 자존감을 높이자. 나는 가족에게 도움이 되는 가치 있는 사람이다. 그것만으로 충분히 플러스인 것이다. 만일 보답을 받는다면 플러스 위에 플러스인 것이다. 자존감을 높이는 일은 꼭 대단한 일에서만 얻는 것이 아니다. 사소한 일도 내가 스스로 뿌듯하고 행복하게 느껴지는 일을 한다면 그것으로도 자존감은 충분히 높아질 수 있다.

05

엄마로
살 것인가?
여자로 살 것인가?

나는 어릴 때부터 나를 꾸미고 멋내는 일에 관심이 많았다. 초등학교 때부터 꿈이 메이크업 아티스트였다. 메이크업과 스타일리스트 전문 아카데미가 강남에만 있었다. 당시 수강료가 400만 원이었다. 고등학교 졸업 후에 아빠를 설득해서 스타일리스트 학원에 등록했다. 그리고 나는 메이크업 분야의 길을 가게 됐다.

그때부터 나는 나를 꾸미고 가꿔야 했다. 그렇게 10년 가까이 메이크업을 스텝부터 시작해서 디자이너가 되어 일했다. 나의 어릴 적 꿈이 이루어진 것이다. 나의 결혼식에도 내가 메이크업을 하고 언니의 결혼식에도 내가 해주었다. 너무 뿌듯했다. 그 당시에 나는 아이와 일 둘 중 하나를 놓고 고민을 하고 있었다. 결혼을 하고 5년 동안 아이를 갖지 않고 미루고 있는 상태였다. 그때 남편과의 사이에 금이 가고 있었다.

당시 남편은 원두커피 사업을 하고 있었는데 사업이 부진했다. 우린 중대한 결심을 했다. 모든 일을 정리하고 나의 고향인 파주로 이사하기로 한 것이다. 그곳에서 아이를 낳고 다시 새롭게 시작하기로 했다.

고향에 돌아온 후 힘들게 아이를 낳고 여자에서 그렇게 엄마가 되었다. 엄마가 된 후 나는 급격하게 찐 살로 인해 우울감이 지속되었다. 아이를 낳고 나면 자연스럽게 빠질 거라 생각했지만 아니었다. 첫아이 때는 그래도 금방 빠지는 듯했으나 둘째를 낳고 부터는 아예 빠질 기미가 보이지 않았다. 나는 점점 더 불안하고 이대로 아줌마가 되는 것 같았다.

그때부터 나는 엄마에서 다시 여자가 되려고 애를 썼다. 1일 1식, 디톡스 다이어트, 닭 가슴살 다이어트 등등 계속 살을 빼기 위해 노력했다. 자전거 타기, 헬스, 등산, 홈트, 다이어트댄스, 점핑도 했다. 살이 빠지긴 했지만 갑자기 빠져서 그런지 피부 탄력이 떨어지고 내가 원하는 그런 몸매가 아니었다. 얼굴 살이 너무 많이 빠져서 늙어 보인다는 말을 듣고 큰 충격을 받았다. 그래서 나는 살이 빠졌지만 우울감에 다시 술을 마시고 야식을 먹고 결국 요요가 왔다.

아마 많은 엄마들이 겪고 있는 문제일 것이다. 임신과 출산으로 인해 급격하게 살이 찌는 것은 어쩔 수 없는 일이다. 우리의 의지로는 막을 수 없는 일이라 생각한다. 태아가 크기 위해서는 필요한 영양분을 충분히 먹어야 한다. 스트레스 받으면 태아에게 더 좋지 않다.

나는 평소에도 그랬지만 임신 중에 특히 면 음식을 많이 먹었다. 사람마다 다르겠지만 대체로 여자들은 탄수화물 중독인 사람이 많다. 둘째 임신 중에 임신성 당뇨까지 와서 재검사 받는 일도 있었다. 사실 그때 입덧이 심해서 아주 매운 라면을 먹어서 속을 진정시키기도 했다. 그 당시 라면 대신 대체할 수 있는 음식이 있다는 걸 몰랐다. 밀가루로 만든 면 대신 곤약 면이나 두부 면이 있다. 그걸 대체해서 면 요리를 만들어 먹는다면 태아에게도 더 좋고 엄마도 살찌지 않고 일석이조다.

둘째 아이가 아토피가 있고 피부가 아주 예민해서 살짝만 긁어도 두드러기가 올라온다. 그때마다 죄책감이 든다. 내가 임신 중에 신경 써서 음식을 먹었다면 그러지 않았을 텐데 하는 미안함이 크다.

이제 지난 일이다. 더 이상 과거의 일로 나를 괴롭히지 말자. 지금부터 좋은 음식을 먹이면 된다. 하지만 무조건 직접 요리해서 먹여야 한다는 부담감에서 벗어나자. 그건 집착이다. 아이도 힘들다. 가끔은 외식도 하고 기분 전환이 필요하다. 아이도 엄마도 즐겁게 요리하자. 요리가 큰일처럼 부담이 돼서는 안 된다. 요리를 놀이라고 생각하자. 아이와 함께 만들 수 있는 음식을 생각해서 일주일에 한 번이라도 함께 만들어보자. 음식 모양이 엉성하거나 이상해도 아이는 너무 좋아한다. 나는 김밥을 자주 아이들과 만들어 먹는다. 아이가 좋아하는 재료를 골라서 넣어주고 밥 대신 양배추와 닭 가슴살을 넣어서 만들면 다이어트 김밥이 된다. 다이어트에서 운동보다 중요한 것이 음식이다. 먹는 것만 건강한 식단으로 바꾸어도 살은 빠진다. 그리고 걷기나 홈트레이닝을 30분 정도, 일주일에 3번 정도만 해도 충분하다.

예전에 나는 운동중독이었다. 매일 1시간에서 2시간 운동을 하지 않으면 불안하고 다시 살이 찌는 것 같았다. 그렇게 하루에 3시간 정도를 운동으로 보내고 나면 하루가 금방 지나가고 아이들이 올 시간이 되면 에너지가 떨어져서 힘이 들었다. 어느 날 나의 소중한 시간을 운동으로 낭비하고 있다는 걸 알았다. 나는 살이 빠졌지만 행복하지 않았다. 우울감은 계속해서 날 따라다녔다. 매일 운동을 해야 한다는 압박감과 부담감은 점점 커졌다. 그러던 어느 날부터 편두통이 생기고 급기야 신경성 위염에 걸리기도 했다. 그 뒤로 나는 운동을 멈췄다.

이제 내가 하고 싶은 날에만 운동을 한다. 먹는 것도 건강한 재료로 포만감을 느낄 수 있게 푸짐하게 만들어서 먹는다. 가끔은 매운 불닭 소스를 곁들여 먹기도 한다. 잠깐 하는 다이어트가 아니다. 아마 평생 해야 할 숙제다. 급하게 살을 빼려고 하지 말자. 천천히 건강하게 즐겁게 하는 다이어트가 진짜 다이어트다. 현재 나는 60kg에서 55kg을 유지 중이다. 더 빼려고 애쓰지 않는다. 지금 나는 충분히 괜찮다. 그리고 행복하다.

나는 몇 년 전부터 머리카락을 탈색하고 싶었다. 하지만 미용실에 몇 번을 갔다가 못하고 염색만 하고 돌아왔다. 주위에서 무슨 아이 엄마가 탈색이냐며 뜯어 말렸다. 머리카락도 아마 심하게 상할 거라면서 겁을 줬다. 그래서 나는 매번 포기했다. 큰아이가 올해 초등학교에 입학했다. 그래서 너무 튈까 봐 하지 못하고 있었다. 그러던 중 남편과 함께 미용실에 가게 되었다. 남편이 하고 싶으면 탈색을 해보라고 했다. 하지만 또 망설여졌다.

이제 마흔을 앞에 둔 현실이 떠올랐다. 40세가 되기 전에 한번 해보자는 마음이 들었다. 그래서 탈색을 했다. 결과는 대만족이었다. 그동안 왜 안하고 망설였는지 후회가 됐다. 이제 나에게 더 이상 불가능은 없다. 사실 정말 별거 아닌데 남의 눈을 의식하고 못 하고 사는 게 많다. 힐 신고 다니는 일도, 짧은 치마를 입는 일도, 화장을 진하게 하는 것도 신경을 쓰게 된다.

엄마의 기분이 아이의 태도가 되지 않게

1년 전 나는 다이어트댄스 학원에 다닌 적이 있다. 처음에는 살을 빼기 위해 등록했고 춤을 추면서 살이 빠진 후에 핫팬츠와 요즘 유행하는 크롭 티를 입을 수 있어서 너무 행복했다. 밖에서는 절대 입을 수 없는 옷을 입고 다른 사람이 된 것 같았다. 거울에 비친 내 모습이 예쁘고 뿌듯했다. 그렇게 해서 나는 계속 그 운동을 다니겠다고 다짐했었다. 하지만 나는 1년 후 운동을 그만두었다. 왜 나는 그렇게 좋아하던 춤을 그만뒀을까?

나는 사람들의 지나친 관심과 질투로 춤의 흥미를 잃고 말았다. 내가 센터에 도착하면 사람들이 비꼬듯이 한마디씩 했다.

"화장했어? 운동하는데 화장을 왜 해?"
"우리 센터 아이돌이야!"
"뭘 그렇게 열심히 해? 대회 나가니?"

나는 운동할 때는 엄마가 아닌 여자로서 충분히 즐기고 느끼고 싶었다. 그런데 다른 사람의 시선과 쓸데없는 말들을 신경 쓰고 있었다. 단단하지 못한 나의 마음은 여기저기에서 하는 말들로 상처받고 힘들어했다. 외면과 내면을 동시에 가꿔야 한다는 것을 그때 알았다.

외면을 가꾸는 일을 사치라고 생각해서는 안 된다. 자신을 가꾸는 일을 대부분의 엄마들은 사치로 생각한다. 아침 등원 시간에 보면 엄마들의 모습이 두 분류로 나뉜다. 화장하고 깔끔하게 차려입은 멋진 엄마와 잠옷인지 외출복인지 알 수 없는 옷과 슬리퍼를 신고 아이를 배웅하는 엄마가 있다. 지금은 어려서 아이들은 창피한지 모르겠지만 조금 더 크면 그런 엄마의 모습을 창피해할 것이다. 아이들은 메이커 옷을 입히고 자신은 늘어난 티셔츠를 입고 다니지 말자. 자신의 가치를 스스로 깎아내리지 말자. 엄마가 예뻐진다고 해서 나쁜 엄마가 되는 건 아니다. 아이들은 예쁜 엄마를 더 좋아한다.

우린 아직 젊고 아름답다. 오늘이 내가 살아갈 날 중에 가장 젊은 날이다. 허무하게 젊음을 낭비하지 말자. '엄마이니까 안 돼.'라는 생각은 더 이상 통하지 않는다. 겉모습만 변한다고 해서 나의 자존감이 올라가는 것이 아니다. 내면이 아름다워지기 위해서 자신을 포기하지 말고 새로운 꿈을 다시 꾸자. 얼마든지 될 수 있다. 나 자신에게 새로운 타이틀을 걸어주자. 진짜 내 인생을 산다는 건 꿈이 있느냐, 없느냐의 차이이다. 꿈이 있으면 과거의 나보다 더 멋지고 근사한 여자가 되고 엄마가 되는 것이다. 나의 꿈꾸기는 계속된다. 그리고 하나하나 현실로 나타난다.

지금 버킷리스트를 작성해보자. 말이 안 되는 일이어도 상관없다. 내가 하고 싶은 일은 모두 다 써보자. 써보는 것만으로도 설레고 기분이 좋아질 것이다. 앞으로 5년 후, 10년 후는 내가 오늘을 어떻게 보내느냐에 따라서 달라진다. 지금과 똑같이 현실을 한탄하고 불평하며 산다면 10년 뒤에도 똑같은 모습으로 살고 있을 것이다. 인생은 길다. 더 행복한 삶을 위해서 내가 변해야 한다. 그러면 자연스럽게 아이들도 달라진다. 그것만으로도 우리가 변해야 하는 이유는 충분하지 않은가?

지금 죽을 듯이 힘든 이 시간이 몇 년 후에는 기억조차 나지 않는다. 지금 현재 눈앞에 있는 문제를 크게 보지 말고 멀리 내다보자. 우리의 꿈이 이루어지는 상상을 하자. 그럼 지금 이 문제가 아주 작게 느껴질 것이다. 머뭇거릴 시간이 없다. 당장 무엇이든 시작하라. 세상이 우리를 기다리고 있다. 결국 우리는 이길 것이다.

06

엄마의
무의식을
들여다보라

나는 무의식을 모르고 살아왔다. 그러다 아이를 키우면서 무의식의 지배를 받는다는 걸 알게 됐다. 나는 어릴 때 할머니와 아빠의 강압적이고 부정적인 성향에 깊은 상처를 받았다. 그래서 나는 아이를 낳으면 사랑으로 키우겠다고 다짐했다. 하지만 그건 너무 어려운 일이었다. 아이는 시도 때도 없이 울면서 나를 괴롭혔다. 어느 순간 나도 나의 할머니와 아빠의 모습으로 아이를 대하고 있었다. 어릴 때 나는 쌍둥이 언니와 거의 항상 같이 지냈다. 다른 친구는 없었다. 유치원도 다니지 않았고 바로 8세에 초등학교에 입학했다. 처음에 학교는 너무 무섭고 부끄러운 곳이었다. 그래서 학교 가서 말도 제대로 하지 못하고 발표는 꿈도 꾸지 못했다. 학교생활은 무척 힘들었다. 나는 어릴 때 유난히 피부도 까맣고 깡

마른 볼품없는 아이였다. 학교에 가면 항상 남자친구들에게 놀림을 받았다. 집에서는 할머니와 아빠가 무엇이든지 언니에게 양보하라고 강요하고 나는 항상 뒷전이었다. 나는 늘 억울하고 속상한 일이 많아서 우는 날이 많았다. 나는 어릴 때부터 긍정적인 감정보다 부정적인 감정을 느낄 때가 더 많았다. 그것을 해결하지 못하고 나는 그렇게 부정적인 사람이 되었다. 그런 나의 성향은 아무리 고치려고 애를 써도 고쳐지지 않았다. 나의 깊은 무의식에 자리 잡았다. 유난히 예민한 아이가 잠들어 있던 나의 무의식을 깨웠다. 나는 아이의 울음과 미성숙한 모습을 볼 때마다 나의 어릴 적 모습을 떠올리게 되고, 화를 참지 못하고 아이를 다그쳤다. 그럴수록 아이의 행동은 더 나빠지고 마음의 병은 깊어져갔다. 어느 순간 아이는 부정적이고 우울한 표정과 말을 하기 시작했다.

"나는 안 웃는 게 좋아."
"나는 태어나지 말았어야 해."
"나는 바보 멍청이다."
"난 못생기고 이상하다."
"난 내가 꼴 보기 싫다."

어쩌다가 내 아이가 이렇게 된 걸까? 어디서부터 잘못된 것일까? 수없이 자책하고 후회했다. 나도 모르는 나의 무의식이 내 아이를 아프게 하고 있었다.

　나의 상처받은 무의식을 치유하지 않으면 내 아이에게 대물림한다는
걸 그때 깨달았다. 그 후 나는 나의 내면을 천천히 치유하기로 했다. 나
의 부정적인 생각과 감정들을 하나하나 밖으로 꺼내는 작업은 참으로 신
비로운 경험이다. 때론 부끄럽고 수치스럽기도 하다. 그것이 나의 본모
습임을 인정하고 받아들여야 한다. 온전히 나의 상처가 치유되면 긍정적
이고 희망적인 생각과 감정을 내면에 가득 채울 수 있을 것이다. 엄마가
변하면 아이는 자연스럽게 빛이 날 것이다.

　둘째 아이의 돌잔치가 있던 날이었다. 나는 첫 아이 때 너무 떨리고 부
끄러워서 인사말을 하지 못했다. 그게 계속 마음에 남아 있어서 둘째 아
이의 돌잔치에는 꼭 멋지게 인사말을 하기로 결심했다. 그래서 인사말
원고를 써서 며칠 전부터 열심히 외우고 영상도 찍어서 보았다. 아마 그
때가 짧지만 내 인생의 첫 강연이었다. 드디어 돌잔치 날이 다가왔다. 나
는 그동안 연습한 것을 열심히 가족과 지인들에게 이야기했다. 많은 분
들이 박수도 쳐주시고 잘했다고 칭찬도 해주셨다. 떨리는 시간이었지만
너무 뜻깊은 시간이었다. 내가 그렇게 용기를 내서 사람들 앞에서 말할
수 있다는 것에 대한 뿌듯함과 기쁨에 너무 행복했다. 그러나 기쁨도 잠
시 친한 친구들의 단체톡 채팅방에서 친구 몇 명이 나를 놀리듯이 진심

반 장난 반 같은 말을 했다. 나는 그 글을 읽는 순간 순식간에 부정적인 감정에 휩싸였다.

"목소리가 너무 우울한 거 아니야?"
"너 말하는데 우는 줄 알았잖아~"

불과 1분 전까지만 해도 나는 세상에서 가장 행복하고 자신감이 넘치는 사람이었다. 그런데 누군가의 말 한마디로 나는 우울하고 불쌍한 사람이 되어 있었다. 그렇게 나의 무의식은 부정적인 생각과 감정에 더 크게 반응했다. 나는 그동안 참아왔던 눈물을 한참을 쏟아냈다. 친구들에게 감추고 싶었던 마음을 들킨 것 같아서 속상하고 창피했는지도 모른다. 사실 나는 그때 육아 우울증으로 힘든 시간을 보내고 있었다. 돌 준비를 하면서 아이가 건강하게 잘 커주었다는 것에 감사함을 느끼며 조금씩 극복하고 있었다. 어떤 상황이든 부정적인 시선보다 긍정적인 시선에 초점을 맞추어야 한다. 모든 사람들이 나를 좋아할 수 없다. 같은 상황이라도 사람마다 다르게 해석한다. 그건 그 사람의 입장이기에 내가 바꿀 수 없는 부분이다. 연습이 필요하다.

우리는 타인의 시선이나 생각을 바꾸지 못한다. 그것을 바꾸려고 안간힘을 쓰기에 내가 힘든 것이다. 내가 바꿀 수 있는 건 부정적인 감정을 긍정적인 감정으로 바꾸고 거기에 집중하는 일이다. 상대방에게 영향을 받는다면 우리는 자유로워질 수 없다.

나는 남들보다 일찍 어른이 되어야 했다. 부모님의 이혼으로 할머니와 살게 되면서 우리 집의 실세는 할머니였다. 나는 할머니에게 칭찬받기 위해 집안일을 돕고, 밭일을 하기도 했다. 그러다가 중학교 2학년 때 할머니가 돌아가셨다. 그 후 나는 쌍둥이 언니와 집안일을 하고 요리를 했다. 아빠는 격주로 일을 하셔서 이틀에 한 번 집에 오셨다. 처음에는 언니와 둘이서 잠을 잔다는 게 너무 무서웠다. 처음에는 뜬눈으로 밤을 새우기도 했다. 다행히 시골 마을이라 도둑이 들거나 나쁜 사건이 일어나지 않았다. 나는 어린 나이에 엄마가 해야 할 일을 내가 스스로 했다. 그렇게 나의 내면 아이는 상처받고 일찍 어른이 되었다.

엄마가 되고 나서 아이가 커갈수록 아이의 미성숙한 모습이나 장난과 어리광을 넓은 마음으로 받아주지 못했다. 그 모습이 유치하고 우습게 보이기까지 했다. 나는 아이를 아이로 보지 않고 성인으로 아이를 대하고 있었다. 실수하거나 부족한 부분이 있으면 야단치고 큰소리로 화를 내기도 하고 매를 들기도 했다. 너무 일찍 어른이 된 나는 아이의 순수함을 잃어버리고 말았다. 나는 내 아이의 순수함을 이해하지 못했다. 아이의 긍정적인 모습을 보지 못하고 부정적인 모습만 보고 있었다. 나의 무의식이 나와 아이를 멀어지게 만들고 있었다.

이제 나의 내면 아이의 순수함과 동심을 찾아보자. 그럼 아이의 감정을 깊게 이해하고 공감할 수 있을 것이다. 부정적인 생각이나 걱정 따위는 던져버리자.

나에게 집중하고 계속해서 나의 무의식을 긍정적으로 바꿔줘야 한다. 그래야 아이를 바라보는 나의 마음과 시선도 편해진다. 아이의 행동에는 분명 긍정적 의도가 숨어 있다. 아이의 나쁜 행동보다 그것을 먼저 볼 수 있는 힘을 길러야 한다.

상대가 되어 문제에 집중하면 부정적인 생각과 잡념들이 생겨난다. 그러면서 주변 환경에 휘둘리게 된다. 주변의 모든 문제를 관찰자의 눈으로 바라보자. '어차피 일은 해결될 것이다.'라는 믿음을 갖고 제 3자의 입장에서 문제를 바라보자. 그러면 그 문제를 해결할 사건이 일어나고 자연스럽게 지나간다. 관찰자가 되어 사소한 것이라도 모든 긍정적인 것을 찾다 보면 지금 그 문제에서 벗어나게 될 것이다. 아이의 문제나 부부의 문제, 나의 인간관계 모든 문제를 참여자가 아닌 관찰자의 관점에서 생각하자. 참여자가 되어 상대방과 계속해서 부딪히고 문제를 해결하려고 하지 말자. 당장은 어렵겠지만 제3자의 시선으로 바라보고 긍정적으로 생각하자. 그러다 보면 긍정적으로 문제가 해결될 것이다.

　오토다케 히로타다는『오체 불만족』이라는 책을 통해 세상에 알려진 인물이다. 그는 사지가 거의 없는 몸으로 태어났다. 하지만 그는 긍정의 아이콘으로 많은 사람들에게 희망과 감동을 주었다. 어떻게 그럴 수 있었을까? 그것은 그의 엄마 덕분이었다. 그의 엄마는 장애를 갖고 태어난 그를 절망이 아닌 기쁨으로 바라보았다. 그렇게 오토다케를 그대로 인정하고 기뻐해준 엄마의 힘으로 그는 당당히 살아갈 수 있었다. 이것이 엄마의 마법이고 기적이다. 엄마가 아이를 보는 시선대로 다른 사람들도 아이를 보게 된다. 내 아이가 긍정의 아이콘이 될지 부정의 아이콘이 될지는 엄마의 무의식에 달려 있다. 지금부터 엄마의 무의식을 기쁨과 희망으로 채워보자.

07

엄마가
가장 아이를
아프게 한다

이 세상에서 아이를 사랑하지 않는 엄마는 없다. 열 달을 배에 품고 아이를 손꼽아 기다린 그 시간은 절대 잊을 수가 없다. 하얀 속싸개에 싸여 있는 조그만 아이가 내가 낳은 아이라는 게 믿을 수 없어서 헛웃음이 나기도 했었다. 웃음이 계속 나고 아픈 것도 몰랐다. 자는 것도 신기하고 먹는 것도 신기할 뿐이었다. 인형이 살아 숨 쉬는 듯했다. 그렇게 예쁘기만 했던 아이가 어느 순간 미워지기 시작했다. 아이에 대해 전혀 알지 못했던 나는 아이가 왜 그렇게 하루 종일 울기만 하는지 이해할 수 없었다. 나는 점점 지쳐갔다. 그때 나는 알지 못했다. 아이는 불안을 느끼고 울음으로 자신의 불안을 표현했다는 사실을. 그때 나는 아이를 바라보고 괜찮다고, 엄마가 지켜줄 테니 걱정하지 말라고 이야기해줬어야 했다. 알아 듣지 못해도 끊임없이 다정하게 이야기하고 아이를 더 많이 안아줬어야 했다. 하지만 나는 그러지 못했다. 오로지 걱정만 했을 뿐이었다. 아이가 어디가 아픈 건 아닌지 계속 불안과 걱정으로 하루를 보냈다. 아이와의 생활은 행복과 웃음보다 걱정과 불안, 눈물의 연속이었다. 나의 불안과 아이의 불안은 우리 집 전체를 우울하게 만들었다. 나는 남편과 아이에게 끊임없이 화를 내고 짜증을 냈다. 아이도 나의 영향을 받아 작은 일에도 참지 못하고 악을 써댔다. 남편은 그런 아이들을 버거워했다.

요즘 아동 학대 사건이 끊이지 않고 일어난다. 최근 〈정인이 양모 학대 살인 사건〉으로 모든 국민들은 분노하고 슬퍼했다. 나도 그 사건을 보면서 가슴이 너무 아팠다. 사실 남의 일만은 아니다. 나도 아이들을 키우다 보면 화가 나서 아이를 경멸의 눈빛으로 바라보고 독설을 쏟아낼 때가 있었다. 순간의 그 화를 참지 못하고 한번 폭발할 때마다 점점 강도가 세지는 걸 느꼈다.

아이는 학대당하는 순간 공포로 인해 그 어떤 생각도 하지 못하게 된다. 그대로 얼어버린다. 아이의 행동만 생각하고 아이 자체를 나쁜 아이로 보고 있다. 그리고 아이를 고치려고 계속해서 아이를 다그치지만 아이의 귀에는 전혀 들리지 않는다. 화를 내는 순간 아이의 뇌는 멈춘다. 아이들은 언제나 미성숙하다. 그걸 항상 인지하고 아이를 대해야 한다.

아직 어린아이를 아이로 보지 못하고 성인으로 생각할 때가 있다. 아이는 어른이 아니다. 아이가 잘 이해하지 못한다면 열 번이고 백 번이고 가르쳐주자. 아이는 어제 가르쳐줬지만 오늘 또 모를 수 있다.

아이가 태어나서 '엄마'라는 말을 하기 위해서는 2만 번 이상을 들어야 말을 할 수 있다고 한다. 너무 놀랍지 않은가? 2만 번을 듣고 겨우 그 한마디 했을 때 우리는 감격스럽고 행복했다. 우리는 엄마라는 말을 2만 번 이상 아이에게 들려주고 가르쳐주었다. 그런데 지금은 고작 한두 번 가르쳐주고 아이가 잘 모른다고, 못한다고 아이를 다그치고 야단치고 있다. 아이는 여전히 신비스럽고 미성숙한 존재다. 우리가 영원히 지켜야하고 보호해줘야 한다.

엄마는 왜 옆집 아이에게는 친절하면서 내 아이에겐 불친절한 걸까? 내 아이니까 내 마음대로 해도 괜찮다는 잘못된 생각을 갖고 있다. 아이는 엄마의 소유물이 아니다. 아이가 태어나는 순간 아이는 하나의 인격체이다. 존중해줘야 한다. 하지만 우린 그걸 매번 잊어버린다.

칼릴 지브란의 『예언자』에서는 아이는 부모의 소유물이 아니라고 말한다. 아이는 부모의 영역이 아니라 신의 영역에 속해 있는 존재이다. 나의 생각을 아이에게 주려할 때 아이와의 트러블이 생긴다.

아이가 나의 생각대로 하지 않았을 때 엄마는 가장 많이 힘들다. 아이를 이해하지 못하고 다그친다. 그때 엄마는 가장 아이를 아프게 한다. 한때 큰아이가 분리불안이 와서 학교 교실에 들어갈 때 조금 힘든 시간이 있었다. 안 그러던 아이가 갑자기 매달리고 울어대는 모습에 당황스러웠다. 학원도 가지 않겠다고 막무가내로 떼를 썼다. 아이가 매번 싫증을 잘 내서 나는 또 화가 났다. 일단 돌봄만 4시간 정도 있기로 약속했는데 아이는 교실 앞에서 눈물을 터트렸다. 나는 원고 작업을 하기 위해 빨리 가야 하는 상황이라 급하게 아이의 눈물을 그치기에 바빴다. 처음에는 아이에게 좋은 말로 타일렀다. 하지만 아이의 눈물은 멈추지 않았다. 결국 나는 아이에게 협박하고 야단을 치기 시작했다.

"너 이러면 엄마 더 늦게 데리러 올 거야!"
"너 계속 이렇게 떼쓰면 다시 학원 다녀! 관장님께 전화한다!"

나는 그러지 않겠다고 했지만 급한 상황에서는 다시 예전의 버릇이 나왔다. 말하는 순간 아차 싶었다. 아이는 그 말을 듣고 겁에 질려서 더 심하게 울었다. 상황은 더욱 악화될 뿐이었다. 아이는 울면서 나에게 말했다.

"나는 엄마가 화내도 엄마랑 있는 게 좋아."

"엄마 품이 너무 포근하고 좋아."

나는 그 말을 듣는 순간 나 자신이 부끄럽고 아이에게 너무 미안했다. 아이는 이렇게 조건 없이 엄마를 사랑한다. 하지만 엄마인 나는 아이에게 끊임없이 조건을 건다. 학교에 잘 가주길 바라고 엄마를 이해해주길 기대한다. 나는 왜 내 아이를 이렇게 아프게 하는 걸까?

아이에게 나는 어떤 엄마인가 다시 한번 생각하게 됐다. 아이는 학교에서 선생님과 친구들과 지내면서 자신의 마음을 진정시키고 상황을 받아들였다. 그리고 하교 후 차에 타면서 다짐한 듯이 내게 말했다.

"엄마, 내일은 울지 않고 교문에서부터 혼자 들어갈게. 선생님과 친구와 약속했어."
"그리고 월요일부터 태권도 학원도 다시 다닐게!"

아이는 스스로 깨닫고 발전하고 성장한다. 아이는 다음날 등교하는 길에 큰소리로 말했다.

"나는 할 수 있다. 나는 용감하고 씩씩하다. 오늘은 울지 않고 혼자 교실에 들어간다. 선생님과 약속했다. 나는 할 수 있다."

아이는 정말 어제와 다른 아이가 된 듯 씩씩하게 교문을 혼자 들어가고 다시 예전의 모습으로 돌아왔다. 너무 대견하고 기특했다. 나는 어제 이후로 그저 지켜봤을 뿐 아무 말도 하지 않았다.

아이는 자기 스스로 용기를 내고 결심을 한 것이다. 조금만 참고 기다려주자. 아이는 스스로 자기 자리로 돌아간다. 잠깐 불안하고 힘들어해도 결국 아이는 자기가 해야 할 일을 알고 있다. 아이 안에는 엄마보다 더 위대한 잠재력이 숨어 있다.

엄마가 아이를 부를 때 가장 많이 쓰는 애칭이 무엇일까? 나는 아이가 태어났을 때 우리 공주라고 불렀다. 내가 어릴 때 들어본 적 없는 사랑이 가득한 애칭이었다. 이종사촌 중에 나와 동갑인 언니가 있었다. 처음에는 같은 나이여서 이름을 부르며 친구처럼 지냈다. 그런데 어느 날 생일이 조금 빠르다는 이유로 언니라고 불러야 한다고 했다. 조금 억울하긴 했지만 달리 반항할 용기가 없었다. 나를 지지해주는 사람은 없었다. 너무 착했던 우리 쌍둥이 자매는 어른들이 시키는 대로 친구로 지냈던 사촌을 사촌 언니라고 불렀다. 고모는 항상 사촌 언니를 "우리 공주~"라며 사랑스럽게 불렀다. 그 모습이 어릴 때 너무도 부러웠다. 고모는 나에게도 "공주~"라고 불러주셨다. 나는 그 말이 너무 좋았다. 그래서 나는 나중에 딸을 낳으면 반드시 공주라고 부르겠다고 다짐했었다.

처음 아이가 태어나고 돌이 되기 전까지는 자주 그렇게 불렀다. 아주 상냥한 목소리로 아이를 불렀다. 하지만 돌쯤부터 아이는 고집을 부리고 위험한 행동을 서슴없이 했다. 그 후로 나는 시도 때도 없이 아이를 "야!"라고 부르기 시작했다. 아이가 다칠지도 모른다는 불안에 시작된 말 한마디가 아이를 더 놀라게 만들었다.

내가 소리칠 때마다 아이는 깜짝 놀라서 불안이 심해졌다. 작은 일에도 크게 반응하고 겁이 많아졌고 새로운 것을 하는 것을 두려워했다. 괜찮다고 계속 타일러도 쉽게 나아지지 않았다. 아이는 큰소리에 굉장히 예민하게 반응한다. 원래 기질이 예민한 것도 있는 것 같지만 나의 영향이 큰 것 같아서 마음이 아프다. 이제 최대한 호칭을 신경 써서 부르려고 노력하고 있다. 엄마의 말과 생각으로 아이의 미래를 예언한다고 해도 과언이 아니다. 아이에게 끼치는 엄마의 영향력은 너무나 크다.

한때 남편과의 다툼으로 힘들었던 적이 있다. 남편과 문제가 생겼을 때 나는 항상 약자였다. 엄마라는 이유로 화가 나고 속이 상해도 아이들을 두고 나갈 수가 없었다. 남편은 바로 나가서 지인을 만나서 술을 먹고 화를 풀고 들어오기도 했다. 하지만 나는 슬픈 감정을 숨기면서 아이들을 돌봐야 했다. 그러다가 아이가 조금만 말을 안 들으면 참지 못하고 부정적인 감정을 아이들에게 쏟아내듯 아이들을 혼내고 무섭게 아픈 말로 아이들에게 상처를 줬다.

"엄마는 멀리 떠날 거야! 이제부터 아빠랑 살아!"

아이들은 잘못했다고 떠나지 말라고 울며 매달렸다. 나는 아이들의 마음에 상처를 주는 말을 하며 아이들을 아프게 했다. 그러다 울다 잠든 아이들을 보면서 죄책감으로 눈물을 흘리고 후회했다. 사실 남편과 감정싸움을 하게 되면 아이들이 미워 보이기도 한다. 빈말이 아니라 정말 멀리 떠나버리고 싶다. 하지만 아이들이 나의 발목을 잡고 있는 것처럼 느껴졌다.

지금 생각해보면 그때 아이들이 흔들리는 나를 잡아주고 있던 것이었다. 아이들이 없었다면 나는 더 비참하고 가치 없는 삶을 살고 있을지도 모른다. 나는 꿋꿋하게 이 세상을 살아가고 있다. 이제 내가 아이들에게 위로를 받는다. 아이들이 있기에 나의 가치는 더욱 빛난다.

사랑하는 내 아이에게 나와 같은 상처를 주지 말자. 남이 아닌 엄마가 주는 상처는 평생 잊지 못한다. 아이는 아무런 잘못이 없다. 아이는 나의 화풀이 대상이 아니다. 엄마와 아빠의 싸움으로 아이들의 마음은 이미 너무 아프고 불안하다. 그런 아이들을 나쁜 말과 표정으로 더 아프게 하지 말자. 아이는 엄마를 일부러 힘들게 하려고 하는 것이 아니다. 나는 그때는 알지 못했다. 이런 엄마도 사랑해주는 아이들이 고맙고 사랑스럽다. 이렇게 나의 잘못된 행동을 독자에게 고백하는 것은 초보 엄마와 예비 엄마들이 나와 같은 어리석은 행동으로 힘든 육아를 하지 않도록 하기 위해서이다. 또한 독박 육아로 자신과 싸우고 있는 엄마들의 마음을 함께 공감하고 반성하고 싶다. 우린 모두 엄마가 처음이기에 실수도 하고 잘못을 저지르기도 한다. 그래도 괜찮다고 말해주고 싶다. 앞으로 엄마도 아이도 더 성장할 수 있다.

나는 내가 육아를 잘해서 누군가를 가르치려고 책을 쓰는 것이 아니다. 어찌 보면 나의 고해성사인 듯하다. 나는 아직 늦지 않았다고 생각한다. 진짜 육아는 지금부터 시작이다.

2
장

엄마의 감정을
다스리는 것이
육아의 시작이다

01

아이의 태도는
엄마를 비추는
거울일 뿐이다

아이는 엄마의 상처받은 내면아이의 모습을 그대로 거울처럼 비춘다. 우리는 어릴 때의 모든 일을 기억하지 못한다. 아이를 통해서 우리의 상처 받은 내면아이를 만나게 된다.

최희수는 『푸름아빠 거울육아』에서 상처받은 내면아이에 대해 이렇게 이야기했다.

"아이를 낳고 키우다 보면 반드시 상처를 만나는 시간이 온다. 상처를 자각하고 대면하고 성장하지 않으면 엄마의 상처는 아이에게 대물림된다."

우리는 각자 다양한 상처를 가지고 있고 언제 그것을 인지하고 제대로 다루냐에 따라서 아이의 태도는 달라진다.

나는 어릴 때부터 부정적인 성향과 낮은 자존감으로 겁이 많고 목소리도 작았다. 그래서 20대 후반쯤부터 그것을 고쳐보려고 많이 노력했다. 자기계발 책을 보고 영어를 잘하게 되면 자신감이 생길까 해서 학원도 다녀봤다. 하지만 많은 사람들 앞에서 영어를 입 밖으로 내뱉는다는 게 쉬운 일이 아니었다. 그래서 나는 3개월 정도 어학원을 다니고 그만두고 말았다. 그때 만약 포기하지 않고 끝까지 다녔다면 영어가 제2의 직업이 되지 않았을까 하는 생각이 든다.

아이는 어느 날 태권도 학원에 다녀보겠다고 말했다. 나는 평소 아이의 성향을 생각해서 깜짝 놀랐다. 여성스럽고 내성적인 아이가 갑자기 태권도를 다니겠다고 하니 놀랄 일이었다. 아이에게 며칠을 계속 물어보고 다짐을 받고 난 후 학원에 등록했다. 두 달 정도 친구들과 재밌다며 잘 다녔다. 하지만 3개월 정도 지나자 그만두고 싶다고 했다. 승급 시험을 보는데 그게 너무 어렵고 싫다는 것이었다.

나는 나의 예전 기억이 떠올랐다. 아이가 여기서 이렇게 포기하지 않게 하기 위해 나는 무엇을 해야 할지 고민했다. 여름방학이기도 해서 관장님께 양해를 구하고 한 달 정도 쉬기로 하고 아이를 천천히 설득했다. 아이는 집에서 핸드폰 보는 시간이 길어지고 나의 마음도 초조해졌다. 하지만 심하게 아이를 몰아세우지 않았다. 아이를 다시 학원에 다니게 하기 위해서 나는 기다리고 또 기다렸다. 그러자 한 달 뒤 아이는 다시 태권도 학원에 다니겠다고 말했다. 사범님과 관장님이 보고 싶다고 했다. 아이가 이제 가족이 아닌 다른 누군가에게 마음을 열기 시작한 것이다. 그 말을 하며 수줍게 웃는 아이가 너무 대견하고 사랑스러웠다. 이처럼 아이는 엄마가 생각하는 것보다 더 강하다. 아이가 자신의 내면 아이의 모습을 그대로 비추었을 때 분노와 걱정이 올라와도 현명하게 대처해야 한다.

어느 날, 두 아이가 인형 놀이를 하며 즐겁게 놀고 있었다. 그러다가 갑자기 언성이 높아지기 시작하더니 작은 아이의 울음소리가 들렸다. 큰 아이가 동생에게 계속해서 화를 내고 있었다.

"이제 너랑 다신 안 놀아! 저리 가, 꼴도 보기 싫어!"

나는 아이의 그 말을 듣는 순간 망치로 머리를 맞는 기분이었다. 저 말은 남편과 내가 싸울 때 자주 하던 말이었다. 아이는 방에서 엄마와 아빠가 싸울 때 하는 말을 그대로 다 듣고 기억하고 있었다. 그리고 동생과의 다툼이 있을 때 그대로 따라서 말했다. 감정과 표정도 내 모습 그대로였다. 나는 그날 아이를 훈육하는 것도 잊어버렸다. 나의 모습이 거울에 비친 것처럼 보여졌다. 아이가 스펀지처럼 나의 나쁜 행동과 말을 따라 하기 시작했다. 나의 부정적인 성향까지 전염되듯이 아이는 매사 모든 일에 걱정이 앞섰다.

"학교에 갔는데 친구들이 놀리면 어떻게 하지?"
"친구들이 쳐다보면 너무 무서워."
"나는 오카리나 못 해."
"지각해서 선생님한테 혼날 거 같아."
"혼자 놀까 봐 걱정돼."
"괜히 돌봄 교실 한다고 했어. 후회돼."
"이거 괜히 샀어. 다른 거 살걸!"
"왜 사람 기분 나쁘게 해?"

아이는 이렇게 걱정과 후회, 불안, 짜증을 느끼는 말들을 많이 하기 시작했다. 처음에는 그러는 아이가 답답하고 속상하고 이해가 되지 않았다. 그래서 처음에는 달래도 보고 타일러도 봤다. 하지만 소용이 없었다. 그러다 야단을 치고 협박을 하기에 이르렀다. 아이는 순간 괜찮아지는가 싶더니 또다시 그런 표현들을 사용하기 시작했다. 그러다가 그런 아이의 모습이 나의 어릴 때 내 모습과 많이 닮았다는 걸 문득 알게 됐다.

어릴 때 나는 유난히 겁이 많고 소극적이었다. 학교에 가면 항상 친구들의 놀림을 받았다. 엄마 없는 아이, 까만 아이, 쌍둥이 등등 일단 쌍둥이라는 것부터 나는 아이들의 관심 대상이었다. 예전에는 쌍둥이가 그리 많지 않았다. 친구들은 처음에는 쌍둥이라서 신기한 시선으로 나를 바라보았다. 그러다 마지막에는 '엄마가 없는 불쌍한 쌍둥이'라는 시선으로 바라보았고, 나는 그것이 싫었다.

그래서 매일 학교에 가기 싫다고 떼를 쓰고 배가 아프다고 꾀병을 부려서 결석하는 날도 있었다. 친구들의 시선과 말들이 부끄럽고 창피했고 선생님이 발표를 시킬까 봐 걱정되고 무서웠다. 그래서 날짜가 내 번호인 날은 더 학교에 가지 않으려고 했다. 선생님은 종종 날짜랑 같은 번호를 호명해서 발표를 시키거나 질문을 하셨다. 나의 어린 시절의 기억은 행복했던 순간보다 슬프고 불행했던 순간이 많다. 행복한 순간이 잘 기억나지 않는다.

아이들이 크기 시작하면서 나의 어릴 때 모습이 똑같이 나타났다. 아이들은 유치원에 가기 싫다고 매일 같이 떼를 썼다. 아이는 유치원에서 놀림을 받는 것도 아닌데 왜 가기 싫은지 이해가 되지 않았다. 아이는 잘 놀다가 갑자기 버럭 화를 내기도 하고 그러다가 괜찮아져서 웃기도 하고 감정 기복이 심했다. 아이는 조금만 불편해도 참지 못하고 짜증으로 감정표현을 일관했다. 아이가 왜 그런지 이해하고 격려해주지 못했다. 나는 그저 아이의 잘못된 태도를 야단치고 고치려고 다그쳤다. 자신의 감정을 인정해주지 않자 아이의 자존감은 점점 낮아졌다. 모든 상황에 부정적이고 안 좋은 것만 보고 느꼈다. 마치 나를 보고 있는 듯했다. 나는 아이에게 엄마고 선생님이고 신이라는 생각이 들었다. 내가 변해야 아이도 변한다는 걸 깨달았다.

아이는 엄마의 상처받은 내면아이의 모습으로 자라나 엄마를 닮은 어른으로 크게 될 것이다. 모든 엄마들이 내 아이는 나와 다른 삶을 살길 바란다. 그렇게 되길 바란다면 지금부터 엄마의 삶을 변화시켜야 한다. 엄마가 바뀌지 않는 한 아이는 변하지 않는다. 엄마도 아직 늦지 않았다.

나를 세상에 드러내고 당당하게 나를 알리자. 나의 내면아이를 정면으로 대면하고 치유해야 한다. 그래야 내 아이에게 대물림되지 않는다. 내 아이의 어린 시절을 나처럼 불행하게 보내게 하고 싶지 않았다. 행복해야 할 이 시기를 불행과 걱정, 슬픔, 후회로 얼룩지게 해서는 안 된다.

나는 우울증으로 정신과 상담을 받은 적이 있다. 그때 상담하면서 내가 아이들처럼 감정 표현에 미숙하다는 걸 깨달았다. 그때 나눈 대화의 한 부분이다.

상담사 : 아이와 어떻게 보내셨나요?

나 : 지윤이가 평소와 다르게 동생과 잘 놀아주어서 조금 놀랐어요. 동생과 친구 놀이를 했는데 지윤이가 동생의 친구 역할을 해주었어요. 그리고 저에게도 정말 다른 아이가 된 거처럼 말했어요. "안녕하세요? 아줌마. 저는 민주라고 해요."라고 인사를 했어요.

상담사 : 그때 느낌이 어떠셨어요?

나 : 그냥 좀 웃겼어요. 다른 애가 되고 싶은 건가 싶기도 하고요.

상담사 : 웃겼다는 게 무슨 뜻이죠? 흔히 웃겼다는 거는 정말 재밌고 웃음이 났을 때를 말하는 건데 지금 어머님의 말씀으로는 조금 황당했다고 표현하시는 게 맞아요.

나 : 네, 맞아요. 황당했던 것 같아요!

상담사 : 어머님이 자신의 감정을 제대로 인지하고 표현하시는 게 어려운 것 같아요.

나 : 네, 선생님의 말씀을 들어보니까 정말 그런 것 같아요.

상담사 : 앞으로 자신의 감정을 솔직하게 표현하는 걸 연습하시면 아이들에게 도움이 될 거예요.

나 : 네, 선생님.

상담사 : 지윤이의 행동을 조금 부정적으로 보시는 것 같아요. 그냥 놀이처럼 같이 해주셔도 되는데 부담을 갖고 대하시니까 아이의 행동 하나하나가 어렵게 느껴지시는 거예요. 그냥 편안하게 대화해주세요.

나는 이날 상담 후 나의 미숙한 감정 표현과 서툰 대화의 기술을 다시 한번 자각했다. 나의 감정을 제대로 표현하지 못했다. 나는 나를 잘 안다고 생각했다. 하지만 나의 감정을 내가 정확하게 알지 못했다. 그리고 상대방에게 나의 마음을 제대로 표현하는 법도 서툴렀다.

상담 후 아이의 서툴고 미숙한 대화법과 감정 표현이 모두 나와 같다는 걸 알았다. 아이가 학교생활에서 친구들과 문제가 생길 수밖에 없었다. 그런데 나는 아이만 탓하고 있었다. 미련한 짓이란 걸 알았다. 내가 아이를 부정적인 시선으로 보니 대화도 제대로 이뤄지지 않았다.

나는 나에게 생기는 모든 감정들을 하나 하나 제대로 인지하고 솔직하게 표현하는 법을 배우기로 했다. 아이들도 함께 시작하기로 했다. 감정을 솔직하게 표현하고 나니 아이들과 좀 더 가까워진 느낌이 들었다. 그리고 이제 아이들의 행동을 볼 때 좀 더 긍정적으로 바라보려고 노력한다. 아이는 언제나 미성숙한 존재라는 걸 기억해야 한다. 그리고 아이의 말 한마디, 행동 하나에 그 어떤 색안경을 쓰지 않고 바라보자.

세상에 나쁜 아이는 없다. 엄마가 부정적인 색안경으로 아이를 볼 뿐이다. 나의 상처 받은 내면아이를 대면하고 치유하게 되는 순간 내 아이가 순수한 천사로 보인다. 엄마의 무의식으로 힘들었을 내 아이를 많이 안아주자. 아이를 통해 나의 상처를 자각하고 마주하며 나는 오늘도 성장한다. 나를 치유하는 건 결국 아이다.

02

소리치기 전에
나의 마음부터
들여다보라

오늘 당신의 마음은 어땠나요? 엄마의 마음은 갈대처럼 이리저리 흔들린다. 엄마들은 왜 이렇게 마음이 갈대처럼 이리저리 흔들리는 걸까? 경력단절로 인한 불안과 낮아지는 자존감, 남편과의 트러블, 시댁과 친정의 행사, 다이어트, 맞벌이, 학원, 재테크, 청약 등등 수없이 많은 문제들과 부딪치면서 마음이 혼란스럽다.

나의 마음이 이렇게 불안하고 흔들릴 때를 아이들은 귀신같이 알아챈다. 그리고 그런 날 아이는 평소보다 더 많이 보채고 떼를 쓰며 나를 테스트한다. 사실 아이는 평소와 똑같은 모습일지도 모른다. 내 마음에 여유가 없을 때 아이가 더 힘들게 느껴지는 것이다.

내 안에 가득 차있는 마음은 도대체 무엇이기에 아이가 사랑스럽게 보이다가도 원수처럼 미워지는 걸까? 아이는 변함이 없다. 단지 엄마의 마음이 매일 바뀔 뿐이다.

90년대 크게 유행했던 노래로 조성모의 〈가시나무〉라는 노래가 있다. 가사 하나하나가 마치 엄마들의 마음 상태를 이야기하는 듯하다.

"내 속엔 내가 너무도 많아. 당신의 쉴 곳 없네. 내 속엔 헛된 바람들로 당신의 편한 곳 없네. 내 속엔 내가 어쩔 수 없는 어둠 당신의 쉴 자리를 뺏고, 내 속엔 내가 이길 수 없는 슬픔 무성한 가시나무 숲 같네. …"

내 속에는 수많은 내가 살고 있다. 내조를 잘하는 아내가 되어야 하고, 싹싹하고 예쁜 며느리가 되어야 하고, 아이들에게 자상하고 좋은 엄마가 되어야 했다. 결혼 후에 친정에 걱정 끼치기 싫어서 힘들어도 괜찮은 척, 아무런 일 없이 잘 사는 척, 그렇게 착한 딸이 되어야 했다.

나는 수많은 나에게서 진짜 나를 찾지 못하고 계속 슬픔과 어둠에 빠져들어갔다. 타인에게 나를 맞추는 삶은 너무 지치고 힘들었다. 둘째 아이가 태어날 때쯤 시댁이 우리 집 앞으로 이사를 오셨다. 아이도 돌봐주시고 남편의 사업을 도와주시기 위해서 내린 결정이었다. 처음에는 아이도 가끔 봐주시고 남편이 아침 식사도 시댁에 가서 먹기도 하고 너무 좋았다. 둘째가 태어나고 남편과 큰아이를 돌볼 틈이 없었다. 그래서 시댁에서 남편이 식사를 해결하고 오는 게 편하고 감사한 마음도 들었다. 그런데 시간이 지나자 그 일이 나의 흠이 되었다. 남편은 나와 다툴 때면 어김없이 아침 식사 이야기로 나를 공격했다. 그동안 내색은 안 했지만 아침을 차려주지 않는 나에게 서운함이 있었던 것이다. 대한민국 보통 남자들은 아침 식사에 목숨을 건다. 그 후 나는 매일 아침을 차려주고 떳떳한 아내가 되겠다고 다짐했다. 그래서 지금까지도 아침 6시에 일어나 아침 식사를 준비한다.

시댁이 집 근처로 이사를 오시고 나는 막내며느리에서 큰며느리가 되었다. 시시콜콜한 작은 행사에서부터 어버이날, 명절, 생신, 심지어 아이들 생일, 남편 생일, 어린이날 등등 모든 행사에 빠짐없이 참석해야 했다. 가까이 산다는 이유로 가지 않으면 남편과 트러블이 일어났고, 형님네보다 더 늦게 가면 눈총을 받아야 했다. 나의 이런 고충을 남편은 이해하지 못했다. 매번 주말이면 시댁에 가서 저녁을 먹자고 하고 가끔 하는 외식도 시댁의 눈치를 살피고 함께 하러 가야 했다. 그런 생활이 몇 년을 계속되고 우리 부부는 점점 더 서로를 이해하지 못했다. 남편은 시부모님을 친부모님처럼 생각해주길 바랐고 나는 그런 기대가 부담스럽고 힘이 들었다.

큰아이가 7세, 막내가 5세 되던 해, 나는 전에 하던 일을 다시 하기로 했다. 어머님께서도 흔쾌히 아이들을 잠깐 돌봐주시기로 했다. 근무지가 강남이었고, 나는 파주에 살았다. 꽤 먼 거리였다. 그 당시에 코로나19가 처음 시작된 시기여서 아이들이 학교에 가지 않고 있었다. 그래서 하루 종일 집에만 있는 상황이라 걱정이 됐다. 그렇지만 다시 찾아온 기회를 놓칠 수 없었다. 우여곡절 끝에 나는 다시 메이크업 아티스트로 일하게 되었다. 유명하고 큰 숍은 아니었지만 그래도 나는 좋았다. 내가 다시 세상에 나왔다는 것에 크게 감동했고 만족했다.

그렇게 3개월이 흘렀다. 손님이 많지 않았지만 단골 고객도 생기고 예약도 받고 즐거운 시간이었다. 그러나 코로나19가 점점 더 심해지면서 손님이 점점 줄기 시작했다. 그래서 급기야 예약제로 숍을 운영하기로 결정했다. 나는 예약이 있는 날에만 출근하는 형태로 일을 이어갔다. 수입이 크게 늘지 않고 출퇴근 차량 유지비와 제품 구입비 등등 지출이 더 많았다. 다른 쪽으로 일을 구해야 하나 하고 고민하게 됐다. 그러던 중 갑자기 시댁에서 아이들 문제로 의논을 하자고 남편이 말했다. 무슨 큰일이 있나 싶어서 시댁으로 아이들을 데리고 갔다. 신랑이 먼저 말을 꺼냈다.

남편 : "당신, 그 일 계속할 거지? 그럼 우리 집이랑 어머니네 집 둘 다

팔고 큰집으로 이사를 가자! 두 집 살림하는 거 낭비인 것 같아. 양쪽으로 은행 대출 이자 나가고 생활비도 따로따로 나가고 비효율적이야."

나 : "……?"

어머님 : "그래, 아이들이 졸린대도 마냥 엄마 오기만 기다려. 같이 살면 엄마가 조금 늦게 와도 옆에 와서 잘 테니까 걱정 안 하고 잠도 잘 잘 거야. 그리고 너도 일 더 편하게 할 수 있으니 그게 좋지 않겠니?"

나 : "네… 생각 좀 해볼게요. 어머님."

남편 : "당신이 진짜 제대로 일할 거면 아이들은 그냥 어머니에게 맡겨. 큰 숍으로 가서 제대로 해보는 거도 괜찮지 않겠어? 애들은 엄마든 할머니든 누군가 전담해서 보는 게 나아. 지금처럼 당신이 일하고 와서 어설프게 애들 잠깐 케어하고 다시 또 어머니한테 맡기고. 그건 좀 애들이 혼란스럽고 힘들 거 같아. 일을 계속 할 거면 어머니네랑 합가해서 애들을 맡기고 일을 해. 어머니랑 얘기 많이 했어. 어머니가 애들 잘 봐주신대. 걱정 안 해도 돼."

나 : "알았어… 생각 좀 해볼게. 너무 갑자기라 나도 좀 당황스러워."

그날 그건 의논이 아니라 통보였다. 합가라니… 말도 안 돼. 시부모님 앞이라 제대로 말이 나오지 않았다. 나는 이 상황을 어떻게 해야 현명하게 정리할 수 있을지 생각했다. 저녁을 먹는 내내 남편은 합가 이야기를 했다. 알고 보니 며칠 전부터 남편과 어머님이 이야기를 나누고 내린 결정이었다. 나는 순간 화가 치밀어 오르고 기분이 아주 불쾌했다. 아이들을 핑계로 합가를 하려고 하는 남편이 너무 이기적으로 보였다. 예전부터 시부모님과 함께 살고 싶어 했다. 나는 그동안 절대 합가는 싫다고 서로 어렵고 불편하다며 반대하고 있었다. 어머님도 전에는 극구 싫다고 하시더니 이번에는 남편이 어떻게 설득을 했는지 합가를 원하고 계셨다. 나는 집으로 돌아와서 남편에게 화를 내고 말도 안 된다고 말했다. 그리고 아이들에게 엄마 올 때까지 기다리지 말고 자고 있으면 엄마가 안고 집에 가겠다고 설득했다. 하지만 아이들은 싫다며 울었다.

나는 남편과 아이들 때문에 일을 못 하게 될까 봐 화가 나고 답답했다. 그리고 아이들과 남편에게 계속해서 화를 내고 나의 불만을 쏟아냈다. 부정적인 감정은 걷잡을 수 없을 만큼 커졌다. 나는 좌절감과 실망감에 빠져들었다. 사실 일을 빨리하고 싶다는 생각에 제대로 준비도 없이 뚜렷한 목표도 정하지 않고 바로 시작했다. 결과는 처참했다. 7년의 공백기는 나의 섣부른 의욕을 짓밟아놓았다. 예전에 했던 일이라 금방 자리 잡을 수 있을 거라는 나의 예상은 아주 큰 자만이었다. 예상처럼 되지 않자 나는 남편과 시어머님에게 면목이 없었다. 몇 달이 지났지만 어머님 용돈도 드리지 못했다. 일하면서도 떳떳하게 행동하지 못하는 현실에 나의 자존감은 낮아지고 있었다. 이런 상황에서 아이들을 온전히 어머님에게 맡길 수 없었다. 엄마 없이 큰 내가 내 아이에게 나와 똑같은 상처를 줄 수 없었다. 순간 남편의 말처럼 눈 딱 감고 아이들을 어머님에게 맡기고 진짜 내 꿈만 바라보고 갈까도 생각했다. 하지만 두 아이는 엄마가 전부였다. 엄마가 매일 소리치고 야단치고 밀쳐내도 엄마가 좋다고 매달렸다. 엄마의 사랑을 받아본 적 없던 나로서는 느낄 수 없는 애착이었다. 그래서 아이들의 무조건적인 사랑에 벅차게 행복하기도 하고 그러다 숨이 막히게 힘들기도 했다.

나의 자녀와의 관계는 애증의 관계였다. 너무 사랑하지만 미울 때는 정말 미웠다. 내가 어쩌자고 하나도 아니고 둘을 낳아서 이렇게 마음고생을 하나 후회가 될 때도 많았다. 아이의 불안과 예민함을 항상 공감해주고 이해해주는 일은 생각처럼 쉬운 일은 아니다. 나의 마음은 이렇듯 어디서도 편하지 않았다. 그래서 아이들을 대할 때 늘 버겁고 힘들었던 것이다. 나는 잠시라도 아이들에게서 벗어나 나를 찾고 싶었고, 가족 모두에게 인정받고 싶었다. 그래서 나는 무슨 일이든 하고 싶었다. 그래서 다른 일보다 예전에 했던 일을 먼저 생각했고 계획 없이 바로 뛰어들었다.

아이를 시댁이나 친정에 맡기고 맞벌이를 하는 엄마들은 정말 많다. 하지만 일 때문에 합가하는 사람은 거의 없다. 말도 안 되는 말을 하는 남편을 설득하기는 쉽지 않았다. 나는 좋은 아내, 착한 며느리가 되는 걸 포기하기로 했다.

그 후 나는 나의 입장을 남편과 시어머니에게 분명하게 밝혔다. 합가는 하지 않을 것이고, 아이들도 내가 책임지고 키우면서 일하겠다고 말했다. 나는 나와 아이들을 위해 다른 꿈을 꾸기로 결심했다. 위기를 또 다른 기회로 삼았다. 나는 아이들을 돌보면서 내가 즐겁게 평생 할 수 있는 일이 무엇일지 생각했다. 평소 책을 너무 좋아했고 그러다가 우연히 읽게 된 책을 통해 책을 써보고 싶어졌다. 그리고 〈한책협〉이라는 곳을 통해 김태광 대표 코치를 알게 되어 누구나 작가가 될 수 있다는 걸 알게 되었다. 그리고 나는 이렇게 작가가 되어 세상에 선한 영향력을 펼치며 일할 수 있게 되었다. 지금 나는 너무 행복하다.

지금 나는 육아에 관한 책을 쓰고 있다. 나는 메이크업, 그리고 의식 성장에 관한 책도 쓸 생각이다. 나의 주제는 무궁무진하다. 나의 지난 모든 경험과 삶이 나의 무기가 되었다.

처음에 문제가 생겼을 때 아이들이 내 인생의 짐이고 걸림돌이라 생각하고 많이 힘들었다. 하지만 지금 돌이켜보면 그때 하나님이 아이들을 통해 나를 시험한 거라는 생각이 든다. 내가 진정으로 원하는 꿈을 깨닫게 해주신 것이다. 아이는 나를 성장시키기 위해 나에게 온 수호천사다. 나는 그 일을 통해 나의 마음을 들여다보고 진정 내가 원하는 삶, 그리고 내 안에 있는 수많은 '나'에게서 진짜 나를 찾게 되었다.

레이 힐버트와 토드 홉킨스의 『청소부 밥』에 보면 이런 명언이 있다. 아이에게 지치거나 부담이 될 때 이 글을 떠올려보자.

"가족은 짐이 아니라 축복이다."

이 말을 항상 명심하고 아이를 대한다면 우리의 마음은 부담이 아닌 감사와 행복으로 가득 찰 것이다. 나에게 와준 아이들을 축복으로 생각하자.

03

엄마의 감정을
다스리는 것이
육아의 시작이다

육아는 엄마의 감정을 어떻게 컨트롤 하느냐에 따라서 행복과 불행이 결정된다. 마음의 준비가 되어 있지 않다면 육아는 결코 행복할 수 없다. 막달이 되면 산모는 마음이 조급하다. 신생아 용품들을 무엇을 사야 할지 제대로 알지 못한 채 하나부터 열까지 주위의 말만 듣고 열심히 사 모은다.

하지만 진짜 필요한 것은 그런 게 아니다. 나의 마음 공부가 가장 중요하다. 아이가 태어나면 모든 것이 바뀐다. 부부의 생활은 아이에게 모든 것이 맞춰진다. 그러다 보면 부부의 사이는 자연스럽게 멀어진다. 물론 그렇지 않은 부부도 있겠지만 보통의 부부는 그렇다고 한다. 참으로 안타까운 일이다. 물론 나도 보통의 부부에 지나지 않았다.

아이가 태어나고 집에 돌아온 순간부터 나의 감정은 바닥이었다. 아이 때문에 내가 이렇게 힘든 시간을 보내게 될 줄은 상상도 하지 못했다. 신생아 용품은 정말 완벽하게 준비되어 있었지만 나의 마음에 그 어떠한 준비도 해놓지 않은 결과이다. 주위에서 말하는, 배 속에 있을 때가 제일 편하고 행복하다고 하는 말을 이해할 수 없었다. 그때 나는 누가 그 어떤 말을 해주었다고 해도 믿지 않았을 것이다. 아이를 너무도 기다려왔고, 아기에 대한 지나친 환상이 있었다. 육아우울증이란 말은 나와 아주 먼 이야기라고만 생각했다. 또한 주변에 육아우울증으로 힘들어 하는 사람이 없었다. 사실 내가 관심이 없었기에 보지 못했던 것이다.

예전에 임신에 실패하고 힘들어할 당시 나는 친구들의 육아 이야기에 관심도 없었고, 아이 때문에 힘들다는 말을 도저히 이해할 수 없었다. 그때 바람도 쐴 겸 계곡에서 모임을 갖고 싶었는데 아이가 있는 친구들 때문에 가까운 장소로 정해서 사실 조금 실망했다. 솔직히 그 친구들이 나오지 않으면 했다. 그래서 그 친구들이 모임에 나왔을 때 빨리 가주길 바랐다. 그리고 그 친구들이 돌아간 후 싱글인 나머지 친구들과 계곡으로 향했다. 나중에 그 사실을 알고 아이가 있는 친구는 서운하다며 모임에서 빠지겠다고 했다.

그때 나는 '그냥 나오기 힘들면 집에서 아기랑 있지, 왜 나오는 걸까?' 하는 마음이 있었다. 참으로 이기적인 생각이었다. 육아에 대해 정말 1도 모르는 무지 상태였다. 그 당시에는 정말 아이를 키우는 것이 얼마나 외롭고 힘든 일인지 알지 못했다. 잠깐 단 1시간의 외출이 행복이고, 힐링이라는 것을 아이를 낳고 나서야 알게 되었다. 친구는 그 당시 독박육아로 매우 힘든 시간을 보내고 있었다. 그러던 중 오랜만에 외출한 것이었다. 그런 친구를 나는 위로해주지 못하고 외면했다. 아이를 낳고 그때 그 일이 생각나서 그 친구에게 진심으로 사과했다. 그 후 다행히 지금까지 모임을 유지하면서 잘 지내고 있다.

그때 당시 내가 아이가 있는 친구와 더 교류하고 가까이 지냈다면 나는 그 친구에게 많은 조언과 도움을 받았을 것이다. 하지만 아이를 좋아했고 기다렸지만 아이에 대한 그 어떤 정보도 없이 아이를 낳았다. 보건소에서 진행하는 출산교실 수업에서 출산에 대한 노하우와 신생아 목욕시키는 방법, 속싸개 싸는 방법 등등 그런 정도만 들었다. 그것이 그때 정답이라고 생각했다. 나는 출산과 육아에 필요한 모든 것을 다 완벽하게 준비했다고 자신했다. 하지만 더 중요한 교육이 필요하다는 걸 그땐 알지 못했다.

나는 출산 후, 아이로 인한 걱정, 불안, 좌절과 남편에 대한 원망, 분

노, 서운함, 미움 등등 끝없이 생겨나는 부정적 감정을 주체하지 못했다. 나는 그 감정을 제대로 표출하지 못해 가슴속 깊이 쌓아두었다. 그러다 어느 날, 갑자기 풍선처럼 뻥 터져버려서 아이와 남편에게 불같이 화를 내고 독설을 내뱉었다. 아이는 점점 더 예민해지고 불안도 심해졌다. 남편은 혼자 있는 시간을 좋아했고, 나와 남편 사이에 보이지 않는 벽이 존재했다. 아이가 예민해질수록 남편은 아이를 멀리했다. 아이도 아빠를 찾지 않았고, 엄마에게만 집착했다. 나는 점점 더 지쳐갔다.

나는 첫 아이를 임신하고 이제 일을 하지 않고 육아에만 전념하겠다고 남편과 약속했다. 그 당시 나는 사회생활에 많이 지쳐 있었고, 아이도 너무 간절했기에 아이에게만 집중하고 싶었다. 그래서 남편의 수입으로 어떻게든 맞춰서 생활해보기로 했다. 생활비를 최대한 아끼고 적금을 단 10만 원이라도 하려고 했지만 쉬운 일이 아니었다. 아이가 태어나고 아이에게 나가는 지출이 생활비의 50%를 차지했다. 기저귀, 분유, 물티슈, 목욕용품, 내복, 외출복, 신발 등등 모두 소모품이라 한 달에 한 번씩 사야 했다. 아이는 쑥쑥 커서 옷도 한 해가 지나면 작아져서 입을 수 없었다. 그렇게 매일 빠듯하게 생활비 맞추면서 살고 있는데 남편은 왜 적금을 조금이라도 안 들었냐며 지적을 했다. 그 일로 서로 말싸움이 일어나는 일이 잦아졌다. 남편은 나의 가계부를 못마땅해했다. 거의 매주 오는 택배를 이해하지 못했다.

그렇게 남편은 생활비를 나에게 맡겼지만 믿지 못하고 잔소리를 하는 날이 많아지면서, 나는 아주 불쾌하고 기분이 좋지 않았다. 그리고 육아를 자신했던 나는 너무 힘들었지만 남편에게 약한 모습을 보이기 싫어서 힘들어도 속으로 울면서 눈물을 삼키고 감정을 숨기고 가슴 깊이 묻어두었다. 나의 부정적인 감정은 점점 더 커져가고, 행복을 느끼지 못하기에 이르렀다. 아이가 하는 행동도 예뻐 보이지 않았고, 아이와 함께 있어도 즐겁지 않았다. 한동안 매일 술을 먹기도 했다. 나는 내 감정의 노예처럼 살게 됐다. 부정적인 감정을 풀기 위해 최악의 방법을 선택한 것이다. 하지만 잠시뿐 다시 또 되풀이되는 현실에 좌절했다. 또한 다시 살이 찌면서 자신감이 떨어졌다.

나는 술 대신 책을 읽으며 마음을 치유하기로 결심했다. 그리고 아이들을 등교시키고 매일같이 도서관으로 달려갔다. 그리고 육아 관련 서적을 읽으면서 아이들을 이해하고 나를 위로했다. 그러던 중 최성애의 『내 아이를 위한 감정코칭』이라는 책을 알게 됐다. 그 책에는 나와 비슷한 부모들의 사례가 나와 있었고, 감정코칭의 중요성에 대해 알려주었다. 아이에게도 감정을 숨기지 말고 있는 그대로 느끼고 말하라고 이야기한다. 그녀의 이야기를 들어보자.

"사람에게는 보편적인 7가지 감정과 유사한 감정이 있습니다. 감정 표현이란 감정을 마구 쏟아내는 것이 아니라 자신의 감정을 인지하고 그것을 솔직하게 시인한다는 뜻입니다.… 연구 결과에 따르면 감정을 숨기는 부모 밑에서 자란 아이는 그렇지 않은 아이보다 감정을 다스리는 능력이 훨씬 떨어집니다."

나는 나 스스로 감정을 억압하면서 나를 괴롭히고 있었다. 또한 내 아이에게도 나와 같은 어려움을 물려주고 있었다. 나는 아이를 코칭하면서 나도 다시 어린아이가 되어 함께 감정을 배워가고 있다. 때론 생각처럼 되지 않는 날도 있다.

나는 한때 다이어트 댄스 센터에 다닌 적이 있다. 열심히 해서 살도 많이 빠져서 자신감을 갖고 트레이닝복 대신 민소매 상의와 레깅스를 입게 되었다. 그러던 중 함께 운동하는 한 언니가 갑자기 다가와서 나를 보고 깜짝 놀라며 이야기했다.

"어머? 너 살 진짜 많이 빠졌다! 너무 예뻐졌어~!!"
"어? 아니야… 그냥 쪼금 빠졌어! 뭘 예뻐져~~?"
"무슨 소리야! 완전 몸매가 달라졌는데. 처음 왔을 때랑 완전 달라! 몰라보겠다!"
"어… 그래? 난 잘 모르겠는데. 그만 얘기해, 언니! 부끄러워!"

나는 다른 누가 나를 지적하거나 비난해도 기분이 안 좋았지만 칭찬을 해도 어색해서 어쩔 줄 몰라 했다. 어릴 때부터 칭찬을 많이 받아보지 못했던 나는 타인의 칭찬과 관심에도 부담을 느꼈다. 그래서 칭찬을 받아도 당황해서 말이 안 나오고 얼굴이 붉어진다. 상대의 칭찬을 내 것으로 만드는 방법은 "고마워!" 이 한 마디면 충분하다. 민망해할 필요 없다.

이 또한 연습이 필요하다. 내가 느끼는 행복한 감정을 그대로 감사한다고 말하면 된다. 나는 충분한 가치가 있다. 내가 먼저 나를 아끼고 사랑해주자. 그리고 나를 칭찬하는 습관을 들이자. 그래야 타인이 나를 칭찬했을 때 당연하다고 느끼고 받아들일 수 있다. 내가 나를 칭찬하는 것이 자존감을 올릴 수 있는 최고의 방법이다.

나는 요즘 형이상학자로 유명한 네빌 고다드의 『상상의 힘』을 읽고 있다. 그는 '교정용 가지치기 가위'라는 강연으로 부정적인 감정을 긍정적이고 희망적인 에너지로 만드는 방법을 소개한다. 나의 생각과 상상이 현실을 창조한다고 그는 말한다.

"어떤 사건을 나의 마음속에서 기분이 짜릿해질 상황으로 바꿔서 상상합니다. 교정된 행동에 흠뻑 빠져들 정도로 집중해야 합니다. 하루하루를 교정하면 미래가 바뀝니다."

나는 이 방법을 통해 부정적인 감정에서 빨리 빠져나올 수 있었다. 네빌은 이 작업을 하루가 끝나고 잠자기 전에 하라고 권한다. 잠들기 전에 행복한 마음으로 잠이 들면, 꿈을 통해 내면이 치유된다. 아이들은 유난히 잠투정이 심하고 야경증이 있어 나는 밤마다 너무 힘들었다. 아이들도 낮에 힘든 일이 있었거나 야단을 맞고 속상한 마음으로 울면서 잠이 들면 깊이 자지 못하고 악을 쓰며 잠을 잤다. 마치 악몽을 꾸는 듯했다. 처음에는 이유를 알지 못해 아이가 너무 미웠고 밤이 무서웠다. 날마다 아이가 깨지 않게 해달라고 기도했다. 이제 잠들기 전에 아이들과 함께 이야기하며 잠이 들면 아이들은 아침까지 깨지 않고 숙면한다. 물론 아이들이 많이 컸기 때문에 야경증이 없어진 것도 있다. 하지만 나는 아이의 감정코칭과 이 교정 작업이 큰 영향을 미쳤다고 생각한다. 나 또한 이 방법을 통해 육아 우울증을 극복하면서 내 감정을 책임질 수 있는 용기가 생겼다. 내 감정을 다스릴 수 있는 사람은 오직 나뿐이다. 내 감정의 주인이 되어야 자유로워질 수 있다. 비바람에도 나무가 흔들리지 않는 건 땅속 깊이 뿌리를 단단하게 자리 잡았기 때문이다. 우리도 나무처럼 우리의 감정 뿌리를 마음속 깊이 단단하게 자리 잡게 하자. 아이의 그 어떤 행동에도 흔들리지 말고 내 감정을 지켜내자. 부정적 감정은 나의 뿌리의 밑거름이 되어 우리의 마음을 더욱 단단하게 만들어줄 것이다.

04

아이를
엄마의 틀 밖에서
놀게 하라

엄마들은 저마다 각자의 틀을 가지고 있다. 처음 아이가 태어났을 때 그 틀은 아이에게 너무도 필요하다. 아이는 엄마의 틀 안에서 안정을 느끼며 엄마와 애착을 형성한다. 그러다 아이가 첫 사회생활을 시작하는 시기가 찾아온다. 아이는 어린이집에 다니면서 선생님과 친구들을 만나게 되고, 단체생활을 하며, 규칙을 지키고, 타인과의 관계도 배우게 된다.

아이는 이제 더 이상 엄마의 틀이 크게 필요하지 않다. 틀 밖의 세상으로 나아가 새로운 것을 보고 경험하고 배워나가야 한다. 하지만 아직도 엄마는 아이를 아기처럼 생각한다. 과잉보호하고 대신 무엇이든 다 해주려 한다. 아이 스스로 할 수 있도록 기다려주지 않는다.

나는 초등학교에 입학한 큰딸의 친한 친구를 집에 한번 초대한 적이 있었다. 그때 그 아이의 엄마와 대화를 나누다가 깜짝 놀랐다. 가끔 일이 있을 때 아이가 혼자 집에 있을 수 있다고 했다. 그리고 시간 맞춰서 학원에 혼자 걸어갔다가 온다고 했다. 그리고 종이에 써주면 집 앞에 마트에 가서 간단한 장도 혼자 보고 물건을 사온다고 했다. 또한 목욕도 이제 혼자서 하고 나온다고 했다. 나는 그 이야기를 듣고 내가 아직도 우물 안 개구리처럼 내 아이를 가두고 있었다는 생각이 들었다. 나는 아이가 혹시나 차를 보지 못하고 길을 건널까 봐 항상 불안했다. 그래서 내가 항상 손을 잡고 같이 다녔다. 심부름을 보내봐야겠다는 생각을 아예 하지 못했다. 그리고 주말 아침에 아이들이 자고 있을 때 잠깐 운동을 하러 나가고 싶어도 '혹시 다른 층이나 옆집에서 불이 나면 어쩌지?' 하고 걱정이 돼서 나갈 수가 없었다. 나는 아이를 생각할 때 긍정적인 생각보다 나쁜 상황이나 걱정을 먼저 했다. 그리고 목욕도 샴푸를 제대로 헹구지 않으면 머리에 좋지 않을 거 같아서 내가 일일이 다 씻기고 양치도 내가 해줘야 마음이 편했다. 아이들이 하는 게 나의 마음에 들지 않았다.

아이들은 처음에는 자기들이 하겠다고 고집을 부리더니 이제 제법 컸는데도 습관이 돼서 혼자서 하려고 하지 않고 엄마가 해주길 기다렸다. 나는 시간이 지나도 신생아를 키우듯이 계속 힘들기만 했다. "아이는 엄마가 쉽게 키우면 쉽게 자라고, 어렵게 키우면 어렵게 자란다."라는 말이 있다. 나는 아이를 나 스스로 어렵게 키우고 힘들어하고 있었다. 엄마뿐만 아니라 아이도 어렵고 힘들다. 엄마의 틀 안에만 있었던 아이는 친구 문제나 새로운 난관에 부딪혔을 때 좌절하고 두려워했다. 그래서 도전하고 노력하기보다 포기하고 도망가려고 했다.

며칠 전 용기 내서 태권도 학원에 다시 다니기로 한 큰딸이 잠자기 전 두려움에 가득 찬 목소리로 울면서 애원했다.

딸 : 엄마, 나 태권도 그냥 그만둘래! 친구랑 미술 학원 다닐래!

엄마 : 갑자기 그렇게 그만두면 안 되는 거야. 네가 다시 다닌다고 했잖아.

딸 : 싫어! 태권도 그만둘 거야!

엄마 : 왜? 무슨 일 있어? 내일 승급 시험 있잖아. 태극 초록 띠 안 딸 거야? 다른 친구들은 벌써 다 땄다고 부러워했잖아.

딸 : 괜찮아. 띠 이제 필요 없어! 안 따도 돼.

엄마 : 솔직히 말해봐. 승급 시험 떨리고 겁나서 그래?

딸 : …….

엄마 : 맞구나! 아까 엄마랑 동영상도 찍으면서 연습 많이 했잖아. 그렇게 하면 돼.

딸 : 싫다고! 난 그냥 미술 학원 다닐 거야!

엄마 : 지윤이가 지금 이렇게 그만두면 친구들은 겁쟁이라고 생각할 거야. 그만두더라도 이번 승급 시험만 보고 태극 초록 띠 따고 그만두자.

딸 : 나 다 못 외웠고, 친구들이 다 쳐다봐서 싫단 말이야.

엄마 : 지윤이가 친구들이 다 쳐다봐서 부끄럽구나. 못 외워서 틀릴까 봐 걱정도 되고. 엄마도 얼마 전에 운동 다녔을 때 행사 있어서 사람들 앞에서 공연한 적 있어. 그때 진짜 너무 떨려서 가슴도 쿵쾅거리고 손도 떨리고 그랬어. 동영상 있는데 같이 볼까?

딸 : 오! 이 사람이 엄마야? 엄마 아닌 거 같아! 엄마 진짜 잘한다!

엄마 : 엄마도 그때 떨리고 걱정됐지만 용기 내서 열심히 해서 다른 팀 이겼어. 그래서 상품도 받아왔어. 진짜 뿌듯하고 좋았어. 참 지윤이 5살 때 행복센터에서 발표회 한 것도 있어. 그것도 봐봐!

딸 : 우와! 나 진짜 잘하네~ 나 아이돌 같아. 엄마!"

엄마 : 그래! 그때 지윤이 진짜 잘했지? 태권도도 지윤이가 조금만 용기 내면 할 수 있어! 잘 못해도 괜찮아. 자신 있게 하면 되는 거라고 관장님이 그러셨어.

딸 : 알았어. 엄마 나 잘하고 올게! 이번에 띠 따고 미술 학원 다니는 거야, 엄마!

엄마 : 그래! 우리 지윤이 진짜 멋지다!

아이는 모든 새로운 상황에 겁을 내고 두려움과 불안으로 힘들어했다.

엄마의 틀 안에서 온실 속 화초처럼 자라난 아이는 바깥세상이 너무도 무서웠다. 나는 아이를 너무도 사랑했지만 그 사랑은 약이 아닌 독이었다. 그걸 깨닫기까지 8년이 걸렸다. 이제라도 나는 아이에게 해독제 같은 사랑을 주려고 노력한다. 엄마가 올바른 마음으로 아이를 바라보고 믿어준다면 아이는 밝고 건강하게 클 수 있다.

아이는 스스로 자신에게 용기를 주고 편안하게 잠이 들었다. 다음 날 아침에 일어나서 다시 마음이 바뀔까 걱정했지만 아이는 다른 아이가 된 것처럼 정말 씩씩하게 "나는 잘할 수 있다!"를 외치고 등원했다. 그리고 학교에 도착한 후 전화가 왔다.

"엄마! 나 정말 잘하고 갈게!"
나는 그 전화를 받고 너무 행복했다. 그리고 나도 함께 외쳤다.
"지윤이, 파이팅!!! 감사합니다! 우리 지윤이가 해냈다!!!"

아이는 멋지게 태극 초록 띠를 들고 웃으면서 집에 돌아왔다. 아이가 너무도 자랑스러웠다. 자기 스스로도 자신을 자랑스럽게 생각했다. 그것은 나와 내 아이에게 금메달이었다. 아이는 이미 자신과의 싸움에서 이겼다. 그렇게 용기를 내고 도전할 마음을 먹었다는 것 자체가 성공이다. 띠를 받든, 받지 못하든 그것은 중요하지 않다. 나는 내 아이가 이토록 용감한 아이인지 이제야 깨달았다. 사실 아이들은 모두 완벽한 존재다. 그것을 엄마가 깨닫느냐, 깨닫지 못하냐에 따라 아이의 운명이 달라진다. 아이가 완벽한 존재라는 사실을 믿어주고, 아이를 사랑한다면 아이는 자신의 달란트를 발견하고 그것을 성장시켜 세상의 빛이 될 것이다. 나는 내 아이가 자신의 달란트를 발견할 수 있도록 옆에서 지지하고 격려하며 기다려줄 것이다. 아이는 이번 일을 통해 세상을 보는 눈이 달라질 것이다. 두려움에서 기대와 설렘으로, 부끄럼에서 당당함으로, 불안에서 확신으로 앞으로 더 나아갈 것이다. 나는 내 아이를 믿는다.

사실 틀을 깨고 세상으로 먼저 나가야 할 사람은 엄마다. 엄마는 임신, 출산과 동시에 자신의 틀에 갇히고 만다. '경단녀'라는 신조어까지 생겼다. 육아로 경력이 단절되고 세상과도 단절된다. 나 또한 지금 8년을 경단녀로 살았다. 남편의 사업을 간간히 도와주고 있긴 하지만 나의 꿈이 아니다. 다시 시도하려고 했지만 세상은 호락호락하지 않았다. 내가 다시 세상에 설 수 있게 도와주지 않았다.

코로나19의 상태는 갈수록 심각해지고 있다. 그에 맞게 비대면으로 모든 것이 바뀌고 있다. 나는 코로나로 오히려 조금 편해진 부분도 있었다. 시댁과의 잦은 모임도 줄었고. 불편한 인간관계도 대부분 정리됐다. 코로나를 핑계로 나 스스로에게 변명을 하면서 합리화했다. 요즘 거의 가족만 만나고 있는 이런 상황에서 세상에 나가 다시 사회생활을 하고 새로운 인간관계를 맺는다는 게 사실 두려웠다. 나는 지금껏 내 아이보다 더 어린아이였을지도 모른다. 나는 불행한 어린 시절을 탓하고, 아이가 예민해서, 내가 엄마에게 받아본 사랑이 없어서 아이에게 줄 사랑이 부족하다는 말도 안 되는 논리로 스스로 나 자신을 불쌍한 사람이라고 생각하며 피해자처럼 굴며 불행하게 살았다. 나는 세상을 비관적인 시선으로 바라보고 살고 있었다. 내 안의 틀에 갇혀서 나의 잘못된 생각을 아이에게 심어주고 나와 같은 시선으로 세상을 보게 했다. 과거의 나의 세계는 가혹하고 냉정했다.

'왜 엄마는 나를 버리고 떠났을까?'
'왜 나는 가난한 집안에서 태어났을까?'
'왜 나의 삶은 나아지지 않는 걸까?'

냉정한 현실에 나는 계속 좌절하고 실망했다. 나는 나의 틀 안에서 점점 더 작아졌다. 마음이 병든 엄마의 틀 안에 있는 아이는 세상과 타인이 두렵고 무섭다. 내가 바뀌어야 하는 이유는 이걸로 충분하다. 나를 위해서, 아이를 위해서 틀을 깨고 세상으로 나가자.

기시미 이치로, 고가 후미타케의 『미움받을 용기』에서 저자는 사람들이 일반적으로 알고 있는 프로이트의 트라우마를 부정하라고 이야기한다. 앞으로 '지금, 여기'를 어떻게 할 것인가에 집중하라고 말한다. 더 이상 나의 불행했던 과거를 탓하지 말자. 나의 인생은 '지금, 여기'에서 결정된다. 지난날에 더 이상 의미를 부여하지 말자. 아이와 나를 위해서 아이와 함께 틀 밖으로 나가자. 세상은 멋지고 경이로운 곳이다. 이제 나는 작가 엄마로서 새로운 삶을 살고 있다. 나의 진짜 인생은 이제 시작되었다. 이제 당신의 차례이다. 이미 우린 준비되어 있다. '망설임'이라는 굴레는 벗어던지고, 세상에 발을 내딛자. 지금 이 순간이 나의 인생의 터닝포인트가 될 것이다.

엄마의 기분이 아이의 태도가 되지 않게

05

아이에게
모든 걸 올인 하고
후회하지 마라

나는 첫 아이에게 거의 나의 모든 걸 올인했다. 사소한 것 하나까지도 따져보고 비교하면서 정말 애지중지 아끼면서 키웠다. 옷이나 장난감도 거의 새것으로 사주고 중고용품은 아예 쳐다보지도 않았다. 아기가 처음 먹는 과자도 유기농으로만 먹였다. 그런데 어느 날 돌도 안 된 아이에게 시아버님이 '바나나 킥'을 주셨을 때 나는 정말 너무 놀라고 화가 났다. 그리고 단칼에 거절하고 더 먹지 못하게 했다. 아마 그때 아버님이 많이 서운하고 괘씸하다고 느끼셨을 것이다. 이유식도 아이 전용 냄비와 주걱, 도마, 칼을 따로 사서 준비하고 그 당시에는 남양주였던 시댁에 가끔 갈 때도 모두 챙겨서 갔다. 이런 나를 보고 시부모님은 유별나다고 하셨다. 나는 그때 칼이나 도마, 냄비를 기존에 우리가 쓰던 것을 쓰면 정말 큰일 나는 줄 알았다. 혹시나 칼에 매운 성분이 아직 남아 있을 수도 있고 도마에 세균이 있을 수 있는데 아이가 아프거나 알레르기가 나진 않을지 온통 아이 걱정뿐이었다. 그런 엄마의 노력이 무색하게 아이는 장이 좋지 않았다.

신생아 때부터 초록 변을 많이 했고, 토를 많이 했다. 어쩌면 아이의 그런 증상 때문에 내가 더 먹는 것에 신경 쓰고 예민하게 행동했을 수도 있다. 큰아이는 유난히 장염으로 입원을 많이 했다. 아이가 어린이집에 다니고 있었는데, 그 당시 나는 둘째를 임신 중이었다. 어느 날 아이가 설사를 너무 심하게 해서 거의 탈진 상태였다. 나는 4층 빌라에 살고 있었다. 나는 만삭이라 아이를 안을 수 없어서 아이를 업고 4층 계단을 내려갔다. 그때가 정말 내 인생의 최고 힘든 시기였다. 남편은 일 때문에 올 수 없는 상황이었다. 다행히 친언니가 근처에 살고 있어서 와주었다.

아이를 데리고 파주의료원으로 갔다. 아이는 장염이었고, 탈수가 심해서 바로 입원했다. 그때 아이는 세 살이었는데 고집이 엄청 세고, 막무가내였다. 링거 줄을 무시하고 마구 돌아다녔다. 만삭의 몸으로 아이를 병간호하는 일은 거의 막노동 수준이다. 링거주사 바늘이 빠질까 봐 조마조마하며 아이를 계속 따라 다녀야 했다. 장염이라서 첫날은 금식이었다. 밥은 물론이고 간식도 먹지 못하니까 아이는 더 안달을 부렸다.

그 후로도 몇 번을 장염으로 입원했다. 주위에 우리 아이만큼 입원한 아이는 보지 못했다. 유기농만 먹이고 이유식도 직접 만들어 먹였고, 밥을 먹기 시작했을 때는 아이 음식과 엄마, 아빠가 먹을 음식을 따로 만들어서 정성껏 해서 먹였다. 아이에게 모든 에너지를 쏟아부어도 아이의 면역력은 좋아지지 않았다. 겨울만 되면 감기를 달고 살았다. 일주일에 세 번은 소아과에 데리고 다녔다. 병원에 가면 간호사 선생님이 이름을 말하지 않아도 아이를 알아볼 정도였다.

둘째가 태어나고 상황은 달라지지 않았다. 둘째 아이는 자주 감기에 걸리고 폐렴으로 이어졌다. 둘째는 장염보다 폐렴으로 입원을 많이 했다. 콧물이 나기 시작하면 곧 기침으로 이어졌고, 폐렴에 자주 걸렸다. 또한 알레르기도 심했다. 감기약을 먹고 온몸에 두드러기가 심하게 나서 입원한 적도 있었다. 다행히 심한 아토피 피부는 아니지만 예민해서 모기에 물리기만 해도 심하게 부었다. 아이들의 약한 면역력으로 아이에게 올인할 수밖에 없는 상황이 계속해서 이어졌다. 나는 그렇게 두 아이에게 집중하고, 나는 없었다. 나의 존재감은 점점 사라져갔다.

매일 아침 나에게 내려진 하루의 임무처럼 후다닥 해치워버리려고 여유도 없이 바쁘게 아이들을 돌봤다. 아이를 먹이고, 씻기고, 재우고… 몇 년째 반복되는 일상 속에서 나는 점점 무력해지고 우울감은 계속됐다.

일하고 돌아온 남편에게 따뜻한 말이 나오지 않았다. 남편이 퇴근하고 왔을 때, 아이들은 아직 놀고 있던 적이 많다. 나는 아이들 먹은 것을 치워야 되고, 아이들도 씻기고, 재울 준비도 해야 하고 할 일이 아직도 남아있었다. 그런데 남편은 자신이 해야 할 일은 모두 다 했다는 듯 눈치도 없이 핸드폰을 보거나 TV를 보면서 쉬고 있었다. 나는 그런 남편에게 화가 나고, 남편에 대한 미움과 서운함이 뒤섞였다. 좋은 말로 도와달라고 이야기했다면 싸움이 되지 않을 텐데 나는 비난과 독설로 대신했다.

나 : 여보, 지금 설거지 쌓여 있는 것도 해야 하고, 애들도 씻겨야 하고, 재울 준비도 해야 하는 거 안 보여? 지금 TV를 봐야 하겠어? 왜 이렇게 이기적이야?

남편 : 내가 놀다 왔어? 잠깐 쉬는 건데 그게 잘못된 거야?

나 : 내가 설거지할 동안 당신이 애들 씻겨주면 금방 끝나잖아. 같이 하고, 같이 쉬자. 나는 집에서 놀았어? 나도 힘들어!!

남편 : 여자애들이라서 내가 닦이기 좀 그래. 그리고 나 양치도 잘 못 시켜. 설거지하고 당신이 씻겨.

나 : 그럼 당신이 설거지해! 그리고 애들 그냥 씻기면 되지, 뭐가 좀 그래? 이상하다, 진짜!

남편 : 여자애들은 엄마가 씻기는 게 나아.

나 : 하기 싫으니까 진짜 별 핑계를 다 댄다. 대단하다, 정말.

남편 : 난 잔다~~

나 : 야!!!!! 일어나!!!!

남편은 신생아 때 아이가 너무 작고 무섭다면서 아이를 잘 안지도 못했다. 체격이 남다른 남편은 아빠의 로망이었던 아기 띠를 하지 못했다. 한번 해보고 싶다고 해서 해봤지만 아이가 답답하고 불편한지 계속 울었다. 사실 아기는 처음에 조금 낯설어서 우는 건데. 하다 보면 아이도 익숙해질 것이다. 그런데 나는 아이가 조금만 울어도 참지 못하고 아이가 숨이 막힐까 봐 내려놓으라고 남편에게 소리쳤다. 아기 띠를 하고 싶으면 살을 빼라고 핀잔을 주기도 했다. 남편은 장난이 심한 편이었다. 가끔 아이를 안고 조금 과격하게 놀아주기도 했다. 그럴 때 나는 아이가 다칠까 봐 정색을 했다. 가끔 남편이 아이를 씻겨주기도 했다. 그럼 머리를 잘 헹궜는지, 치실을 했는지, 로션을 발라줬는지 나는 일일이 간섭하고 확인했다.

지금 생각해보면 나의 불안증이 아이와 아빠를 멀어지게 했다. 나는 남편이 도와주길 바라면서 남편을 믿지 못했다. 아이뿐만 아니라 집안일까지도 남편이 하는 일은 하나부터 열까지 내가 한 번 더 체크했다. 칭찬 따윈 없었다. 비난만 일삼았다. 내 마음에 들지 않았다. 결국 모든 건 내 몫이 되고 말았다. 모두 내가 자초한 것이다. 내가 이렇게 힘든 건 남편이 도와주지 않아서도 아니고, 아이가 예민해서도 아니다. 나는 육아를 혼자서 해온 것을 가장 후회한다. 처음에 서로 의견이 맞지 않더라도 남편을 믿어주고, 기다려줬어야 했다. 그랬다면 나는 아이를 바라볼 때 좀 더 여유를 갖고 바라봤을지도 모른다. 시간이 다소 오래 걸려도 육아에 대한 모든 것을 남편과 상의하고, 소통해야 가족 모두가 행복해진다.

박혜란은 『다시 아이를 키운다면』에서 책을 펴낸 이유를 이렇게 이야기한다. 아마 아이를 키우고 있는 엄마라면 200% 공감할 것이다.

"만약 시간을 되돌릴 수만 있다면 이번엔 정말 아이를 잘 키울 수 있을 것 같다는 뒤늦은 아쉬움, 그리고 예전의 나처럼 육아의 무게에 짓눌려 허우적대느라 육아의 기쁨을 누릴 겨를이 없는 후배 엄마들에 대한 안타까움이 이 책을 쓰게 만들었다."

그리고 그녀는 이렇게 조언한다.

"아이를 키우는 데 그렇게 비장한 자세를 잡지는 말자. 신경 곤두세우지 말고, 마음 편하게, 쉽게, 재미있게 즐기자. 아이는 부모 마음이 아니라 할머니가 손주 보듯 하면 한결 쉽고 즐거워진다. 한 걸음 뒤로 물러서서 '이쁜 짓'만 눈여겨보자."

나는 그녀의 말처럼 육아의 기쁨을 제대로 느껴보지 못했다. 또한 마음에 아주 작은 여유도 없이 신경을 곤두세우고 아이를 키웠다. 그것이 가장 아쉬움으로 남는다. 남들은 아이가 크는 게 아쉽다며 아이가 천천히 크길 바랐다. 나는 그때 그 말에 공감하지 못했다.

아이는 벌써 여덟 살이 되어 초등학생이 되었다. 이제야 나는 그 말에 공감한다. 사실 가장 많이 힘든 건 아이다. 아이는 엄마의 모든 걸 바란 적이 없다. 엄마의 일방적인 잘못된 사랑이 아이를 아프고 힘들게 한다.

육아는 엄마가 하루아침에 끝내야 할 과제가 아니다. 아이의 마음을 공감하면서 아이와 하루를 의미 있게 채워나가야 한다. 아이는 나만의 아이가 아니다. 남편에게도 아주 소중한 아이다. 남편에게도 아이와 함께할 기회를 주자. 못마땅해도 눈 딱 감고 웃어주자. 집안일도 처음에는 부족하고 마음에 차지 않겠지만 고맙다고 말하자. 남편과 육아도, 가사도 함께 해야 공감이 되면서 부부 사이의 벽이 허물어진다. 남편을 남의 편으로 만들어서 고생하지 말자. 남편은 나와 육아를 함께할 평생 파트너이다. 아이에 대해 부부가 함께 의논하고 공유해야 가족 모두가 행복하다. 다시 아이를 키운다면 더 잘 키울 수 있을지는 사실 잘 모르겠다. 우리에겐 지금이 가장 중요한 순간이다. 이제부터가 시작이라는 마음으로 초심을 세우고 잃지 말자.

이제 육아를 시작하는 엄마라면 불안과 걱정을 떨쳐버리고, 지금도 육아로 힘들어하는 엄마라면 하루라도 빨리 집착을 내려놓아야 육아의 기쁨을 누릴 수 있다.

자신의 인생은 포기한 채 맹목적으로 아이에게 모든 청춘을 바치는 안타까운 엄마가 되지 말자. 엄마라는 이유로 자신을 포기해야 할 이유는 없다. 그것이 진정한 모성애라고 착각하지 말자. 그렇게 아이에게 모든 걸 쏟아붓고, 훗날 자녀에게 경제적으로, 정신적으로 부담을 주려고 하지 말자. 또한 남편에게만 의지하고 자신의 인생을 방치한다면 먼 훗날 자식들에게 짐이 될뿐 자유롭지 못할 것이다. 지금부터 나의 인생을 설계해보자. 아이의 인생은 아이 스스로 설계할 권리가 있고, 능력은 충분하다. 이제 생활비에서 당당히 '꿈 교육비'를 만들어 나를 위한 투자를 시작하자. 아직 늦지 않았다. 우리도 새로운 것을 배우고, 새로운 꿈을 꿀 수 있다. 너무 늦었다고 자신을 포기하지 말고 도전하자. 나는 그럴 만한 가치가 있고 능력도 충분하다. 나는 아이를 낳고, 키워 낸 엄마다. 이보다 더 가치 있고 중요한 일은 세상 어디에도 없다. 내가 진정 원하는 삶을 살자.

06

기질은
하늘이 준
선물이다

아이마다 하늘이 주신 기질은 모두 다르다. 내 속으로 낳았지만 두 아이는 닮은 듯 너무 다른 기질 가지고 태어났다. 사실 나는 '둘째는 좀 더 수월하겠지?'라는 어리석은 생각을 갖고 있었다. 그래서 둘째를 큰 걱정 없이 계획했다. 하지만 둘째는 첫째보다 어렵고 힘들었다. 나는 아이의 기질을 제대로 파악하지 못했다. 첫째는 아주 예민하고 불안이 심한 기질이었고, 둘째는 외향적인 면도 있지만, 감정적인 면도 있는 복합적 기질이었다. 둘째는 큰아이의 기질에 하나의 기질이 더 추가해서 태어난 듯했다. 나는 너무 혼란스러웠다. 아이를 낳긴 했지만 시간이 지날수록 나는 아이를 키우는 것이 힘들고 자신이 없었다. 큰아이보다 더 잘 키워보려고 애썼지만 그럴수록 아이는 빗나갔다. 첫아이 때 완모 수유를 하지 못해서 둘째는 하고 싶었다. 아이를 위해서도 그렇고 모유를 먹이면 물론 힘든 점도 있지만 아이가 배고플 때 언제든지 바로 젖을 물릴 수 있어서 편하다. 분유를 준비하는 시간에 아이는 자지러지게 울어댄다. 그래서 둘째는 최대한 이유식을 먹이기 전까지는 모유를 먹이고 싶었다. 하지만 아이는 신생아 때부터 젖을 물지 않았다. 아무래도 분유 먹었을 때보다는 젖이 많이 나오지 않았다. 아이가 잘 먹으면 그만큼 모유 양도 늘 텐데 아이가 잘 먹지 않으니 젖양도 계속 줄었다. 그때부터 아이의 기질이 확연하게 다르다는 걸 알았다. 아무리 애를 써도 아이는 젖을 물지 않고 울어댔다. 큰아이는 뱃구레가 워낙 커서 젖을 물든 젖병을 물든 힘껏 빨아서 먹었다. 모유를 먹을 땐 땀이 날 정도로 힘들어했지만 그래도 잘 먹어주었다. 하지만 둘째는 모유는 힘들여서 힘껏 빨아야 우유가 나오지만 젖병은 힘들이지 않아도 우유가 더 많이 나온다는 걸 알고 있는 듯 젖병만 찾았다. 그런 아이가 너무 야속했다.

나는 어쩔 수 없이 한 달 정도만 유축을 해서 겨우겨우 초유를 먹였다. 그리고 자연스레 단유가 되었다. 아이에게 모유를 먹임으로써 애착형성에 아주 큰 영향을 미친다고 한다. 또한 초유는 아이의 면역력 향상과 바이러스에 대한 저항 성분도 들어있어서 아이에게 최고의 음식이다. 하지만 반드시 돌까지 완모를 해야 한다는 부담감은 버리자. 단 한 달 아니 보름 정도만 먹이면 충분하다. 다행히 두 아이는 잔병치레는 많이 했지만, 건강하게 무럭무럭 잘 자라고 있다.

큰아이는 유난히 불안이 심하고 눈물이 많았다. 낯선 상황에서 진정이 되지 않을 정도로 심하게 울었다. 숨이 넘어갈 정도를 우는 아이를 보고 나뿐만 아니라 주위 사람들도 놀랄 때가 많았다. 그럴 때 아이는 젖을 물리면 진정되고 안정되었다. 신기한 일이었다. 아이는 젖을 물면 모유가 많이 나오지 않는데도 불구하고 눈물을 멈추고 스르륵 잠이 들었다. 공갈 젖꼭지를 사용해 보기도 했지만 소용없었다. 아이는 엄마의 냄새와 젖꼭지로 마음의 안정을 찾았다. 지금도 아이는 놀라거나 속상한 일이 있으면 아기 때처럼 가슴에 얼굴을 파묻고 운다. 그런 습관이 계속 남아 있다. 그러고 나면 서서히 안정을 찾고 자신의 마음을 이야기한다.

둘째는 큰아이와 좀 다르다. 아이는 무엇인지 속상하거나 화가 나는 일이 생기면 누구도 옆에 오는 걸 싫어한다. 혼자 울고 악쓰면서 혼자만의 방식으로 표출한 뒤에 마음을 진정하고 밖으로 나와 아무 일 없다는 듯 행동한다. 문제 행동을 보였을 때 나는 큰아이처럼 안아줘도 보고, 달래도 보고 했지만 소용없었다. 아이는 더 흥분해서 자신의 얼굴을 손톱으로 긁는 자해 행동까지 했다. 나는 그런 아이의 행동에 심하게 좌절하고 아이를 다그치기도 했다. 하지만 아이의 상태는 나아지지 않고 더욱 심해져갔다. 그러다 둘째 아이에게는 혼자의 시간이 필요하다는 걸 알았다. 미리 아이의 감정을 읽지 못했다면 급하게 아이를 풀어주려고 하지 말고 아이가 스스로 감정을 진정할 때까지 기다려야 한다는 걸 알았다. 아이는 진정하고 나면 왜 그랬는지 또박또박 잘 이야기했다. 그런 뒤에 아이를 안아주었다. 아이는 그제 서야 나에게 폭 안긴다. 아이는 저마다 타고난 기질과 성격이 다르듯이 아이가 느끼는 행복의 기준도 다르다.

이임숙은 저서 『상처 주는 것도 습관이다』에서 아이에 기질에 대해 이렇게 이야기한다.

"최고가 되어야 행복한 아이도 있고, 엄마, 아빠나 친구들이 자신을 좋아하고 함께 있어야 하는 아이도 있다. 혹은 무엇이든 자기 스스로 선택해야 행복한 아이도 있고, 무엇이든 새로운 걸 경험하고 배워야 신나는 아이도 있다. 즉, 아이가 타고난 욕구의 강도에 따라 우리 아이가 바라는 것은 달라질 수 있다는 말이다."

아이의 기질에 따라서 원하는 욕구가 다르고 표현하는 방법도 다르다. 그것을 우리가 인정해주어야 한다. 아이가 문제 행동을 하는 것은 과거 때문이 아니라 지금 바라는 목표가 있기 때문이라고 작가는 말한다. 아이는 기질에 따라 원하는 목표를 표현하는 방식이 다르다. 그것을 미리 읽고 아이의 감정을 읽어줘야 아이와의 전쟁을 피할 수 있다.

나는 며칠 전 아이와 집 앞에서 다른 또래 아이들과 함께 놀아주었다. '무궁화 꽃이 피었습니다.'라는 놀이었다. 아이들이 모두 움직여서 술래의 손을 걸고 있는 상황이었고 둘째만 남아 있었다. 둘째는 부끄러운지 천천히 게임에 참여했다. 그러다가 맨 앞쪽에 친구의 손을 끊어줘야 하는데 두 번째 있는 친구의 손을 끊고 달려가기 시작했다. 나는 그런 아이를 잡아서 아니라고 처음에 있는 친구 손을 끊어야 한다고 잘못을 지적하고 아이에게 다시 하라고 바로 잡아주었다. 그 순간 아이의 얼굴은 웃음에서 무표정으로 바뀌었다. 그리고 그 자리에서 아이는 나에게 매달리며 울기 시작했다. 나는 그 순간 아차 싶었다. 게임은 이제 더 이상 이어갈 수 없었다. 즐거운 게임을 나의 잘못된 판단으로 망쳐버렸다. 나는 아이의 입장을 전혀 생각하지 못했다. 아이는 자신이 용기를 내서 했는데 엄마의 지적에 기분이 나빠지고 친구들 앞에서 수치심을 느끼는 듯했다. 아이는 자존감이 강하고 자신의 선택이 항상 옳다고 믿는 아이었다. "안 돼, 그거 아니야, 하지 마, 그만." 이런 단어를 극도로 싫어했다. 그걸 알면서도 그 순간 생각하지 못하고 아이에게 지적했다. 아이가 용기를 내서 친구의 손을 끊고 달려갈 때 나도 함께 웃으며 달려갔으면 얼마나 즐겁고 행복했을까 하고 뒤늦게 후회했다. 이렇게 FM 그 자체인 나의 성격이 아이에게 마이너스가 되기도 했다. 이 일은 아이의 자존심에 큰 상처를 주었다. 아이는 그 뒤로 그 놀이를 하는 걸 두려워했다. 아이는 그 놀이를 나쁜 기억으로 기억하게 되었다. 아이의 기질을 고려하지 않은 결과이다. 아이와 놀이를 할 때도 기질을 잘 파악해야 한다. 아직 어린아이라도 자존심이 있고, 수치심을 느낀다. 존중해주어야 한다.

윤우상의 저서 『엄마의 심리수업』에서 저자는 아이의 기질에 다음과 같이 이야기한다.

"내 성격도, 배우자의 성격도 조금도 고치지 못했으면서 어떻게 아이는 바꿀 수 있다고 믿는가. 기질은 하늘이 준 생존기술이다. 기질은 그 사람이 갖고 태어났고 가장 잘하는, 가장 잘 맞는 생존기술이다."

부모가 아이의 기질을 바꾸려고 하는 순간, 아이는 문제 아이, 못난 아이가 된다고 저자는 말한다. 나의 아이를 망치는 일이라는 걸 모르는 부모가 많다. 나 또한 그걸 기대한 적도 있었다. 나의 기질조차 바꾸지 못하면서 아이를 바꾸려고 한다는 것은 엄청난 모순이다.

며칠 전 거실 창문이 열리지 않았다. 잠금 장치가 부식되면 종종 그렇게 고장이 난다고 한다. 나는 처음 있는 일이라서 몹시 당황했다. 물론 남편도 마찬가지였다. 우리는 아무리 애를 썼지만 창문은 열리지 않았다. 급기야 오기가 생긴 남편은 창문을 뜯어내겠다면서 창문을 억지로 빼내려고 했다. 나는 너무 놀라서 소리쳤다.

"여보, 하지 마! 그러다 유리창 다 깨질 거 같아! 나 진짜 무서워! 그만 둬! 내일 A/S 신청할게! 당신도 그러다 다칠 거 같아. 아이들도 위험하고!"

"아니야, 괜찮아! 창틀에서만 빼내면 뜯을 수 있어. 유리 쪽만 좀 잡고 있어."

"나 진짜 무섭다고!!"

"아!! 뭐가 무서워!! 진짜 옆에서 신경 쓰이게 왜 그래!"

"무서운 걸 무섭다고 하지 뭐라고 해? 진짜 하지 말라고!!"

우린 그날 그 일로 서로 기분이 상했다. 사실 별일 아니다. 그런데 너무 사소한 일에 목숨을 걸고 앞뒤 가리지 않고 덤벼드는 남편과 모험을 싫어하는 나는 서로 의견이 안 맞을 때가 많았다.

결국엔 문을 열지 못하고 A/S신청을 했다. 나는 그 일로 나의 겁이 많고 여린 성향을 다시 한번 알게 되었다. 나는 그 순간이 공포였다. 갑자기 한마디 상의도 없이 남편의 일방적인 행동이 이해가 되지 않았다. 그리고 나를 배려하지 않고 일을 감행하는 남편의 모습에 몹시 실망했다. 그 순간 나의 모습이 내 아이처럼 보였다. 나는 아이가 부끄러워서 주저하거나, 무서워서 나서지 못할 때 괜찮다며 억지로 등을 떠밀기도 했다. 그 순간 아이는 얼마나 힘들고, 엄마가 야속하게 느껴졌을지 그때 아이의 마음을 이해했다.

아이의 기질은 그 아이에게 가장 필요하고 가장 잘 맞는 생존기술이다. 각자의 맞는 기질을 갖고 태어나는 것이다. 그것을 콤플렉스로 보지말고 인정해주자. 나의 단점은 곧 장점이라고 했다. 나의 단점이 곧 달란트가 될 수 있다. 나의 차분하고 조용한 기질은 작가로서 사람들에게 신뢰를 주고, 동기부여 코치로서 사람들에게 안정을 주고, 선한 영향력을 줄 수 있다. 남편의 배포 있고, 자신감 있는 성격은 판매를 기반으로 한 사업을 하기에 제격이다. 내 아이에게도 그에 맞는 재능이 있다. 아이가 그것을 찾을 수 있도록 도와주고 기다려주는 것이 부모의 가장 큰 역할이다. 내 아이가 행복해지길 바라는가? 그렇다면 하늘이 아이에게 주신 선물을 감사하게 받아들여라. 나의 아이는 이미 완벽한 존재이다. 사랑하고 또 사랑하라.

07

현명하게
화내는 법을
익혀라

아이를 키우다 보면 수없이 화를 낼 수밖에 없는 상황이 이어진다. 오늘은 그러지 말아야지 다짐하지만 갑자기 일어난 돌발 상황에 자신도 모르게 아이에게 화를 내고, 표정도 무섭게 변하고 아이를 매섭게 바라본다. 아이는 잔뜩 겁에 질려서 어쩔 줄 몰라 한다. 그리고 뒤늦게 화내고 있는 자신을 발견하고 아이에게 사과한다. 그리고 오늘도 아이에게 화를 낸 자신에게 실망하고 자책하지만 그런 패턴은 계속 반복된다.

토요일 오후 남편은 일은 하러 나가고 나와 아이들은 집에서 한가로이 보내고 있었다. 나는 여유롭게 책을 보고 있었고, 아이들은 거실에서 인형놀이를 하고 있었다. 그런데 갑자기 아이들이 분주하게 움직이고 있었다. 무슨 일인가 싶어서 아이들에게 가보았다. 아이들이 놀이방 매트 사이를 수건으로 닦고 있었다. 종종 아이들이 물이나 음료수를 먹다가 매트에 흘리는 일이 많아서 심하게 혼이 난 적이 있었다. 아이들은 엄마에게 혼이 날까 봐 몰래몰래 무엇인가를 닦고 있었던 것이다. 나는 놀라서 또 아이들을 다그치기 시작했다. 전날 둘째가 음료수를 매트 위에서 먹고 놓아둔 것이 생각이 났다. 나는 둘째에게 왜 매트에서 주스를 마셨냐고 야단쳤다. 매트를 전부 다 걷었지만 음료는 소파 밑에까지 흘러 있었다. 나의 부정적인 감정은 걷잡을 수 없이 커졌다. 아이들에게 무지막지하게 소리를 지르고 빨리 말하지 않아서 주스가 더 많이 번졌다고 아이를 더 심하게 몰아세웠다. 소파를 밀어내고 닦아냈지만 계속 흥건하게 남아 있었다. 그런데 끈적이거나 향도 나지 않았다. 어디선가 계속 흘러나오는 느낌이었다. 그러다 우연히 에어컨 쪽을 보게 되었다. 세상에! 에어컨 호스가 빠져서 거실 바닥으로 흐르고 있는 게 아닌가! 나는 부랴부랴 호스를 다시 끼우고, 감전 위험이 있어서 에어컨 전원을 껐다. 그리고 큰아이에게 물었다.

"지윤아, 에어컨 만졌어?"
"아니. 에어컨 옆에 장난감이 떨어져서 그거만 가져왔어. 엄마."
"지윤이가 그런 거네. 지윤이가 그거 꺼내다가 에어컨 호스를 건드려서 그런 거야."

"미안해. 엄마. 나 진짜 몰랐어."

"알아…. 엄마도 미안해. 화내서. 주스를 쏟은 줄 알았어."

"응…. 괜찮아. 엄마."

"엄마한테 혼날까 봐 빨리 말도 하지 못하고 지윤이가 닦으려고 했구나. 다음부터는 무슨 있으면 빨리 말해야 돼. 엄마한테 혼나는 게 무서울 수 있겠지만 호수에서 물이 계속 나와서 콘센트에 물이 들어가면 정말 위험해."

"응. 엄마 이제 바로 말할게."

아이는 겁을 먹고 엄마에게 자신의 실수를 말하지 못했다. 그래서 더 위험한 일이 벌어질 뻔했다. 그 순간 나는 아이에게 어떤 엄마인가 하고 생각하게 됐다. 나는 아이와 친구 같은 엄마가 되고 싶었다. 어릴 때부터 꿈꿔왔다. 아이와 모든 걸 공유하고 소통하는 그런 자상하고 유쾌한 엄마가 되겠다고 다짐했다. 하지만 현실은 정반대였다. 나는 아이가 하는 일에 사사건건 간섭하고 지시했다. 아이의 잘못된 행동 하나도 심하게 몰아세우고 다그쳤다. 아이는 점점 자신감을 잃고 비밀이 많아졌다. 속상한 날은 울면서 일기를 쓰기도 하고, 채팅방에서 하는 친구와의 대화도 보지 못하게 했다. 어느새 나는 나도 모르게 아이에게 권위적인 엄마가 되어 있었다.

아이는 엄마에게 자신의 감정을 공감 받지 못할 때가 가장 속상하고 마음이 아프다. 또한 자신의 작은 실수에도 불같이 화를 내는 엄마가 두렵고 무서워서 무엇인가 새로운 것에 도전해야 할 때 아이는 주저하게 된다. 어디서부터 잘못된 것일까? 찬찬히 생각해보자.

나는 나만의 기준으로 아이들이 그 기준에 벗어나거나 어긋나는 행동을 할 때 화를 참지 못했다. 예를 들면 밥을 먹을 때 흘리거나 밥을 먹다가 뱉으면 나는 불같이 화를 내고 먹기 싫으면 그만 먹으라고 소리쳤다. 또한 작은 실수에도 크게 반응하며 아이를 나무랐다. 그러자 아이는 나의 목소리가 조금이라도 커지면 놀라고, 비난이 아닌 조언에도 상처받고 울었다. 나는 그동안 아이나 남편에 대한 불만을 상대방의 잘못이고, 나의 잘못은 없다는 식으로 대화해왔다. 그리고 비난하고 공격하기만 했다. 정작 나의 감정과 내가 원하는 것이 무엇인지를 명확하게 말하지 않았다. 그러니 아이와의 관계가 제자리를 맴돌고 감정은 점점 악화되는 것이다. 이제 현명하게 화내는 법을 익히고 배워야 할 때이다. 어린 시절 나는 제대로 배우지 못했지만 이제부터 나와 아이, 남편도 함께 시작해보자.

최성애의 저서 『내 아이를 위한 감정코칭』과 『행복수업』에서 이야기하는 현명하게 감정 조절하는 방법 중 두 가지를 소개하겠다.

첫째, 미러링 방법이다. 일명 '거울식 반영법'이라고 한다. 일단 상대의 감정이나 행동을 이해하는 것이 가장 중요하다. 나의 화의 원인에 대해 제대로 파악한다면 나의 화를 잠재우는 데 도움이 된다. 그렇게 된다면 얼마든지 화를 내지 않아도 문제를 해결할 수 있다. 가끔 나도 모르게 아이가 일부러 그런 거라는 말도 안 되는 생각을 하게 된다. 그러면서 아이가 얄밉게 느껴지고 화가 나기 시작한다. 미러링을 하면서 아이는 더 과장하거나 축소하지 않고 그대로 자신의 감정을 이야기하기 때문에 오해를 풀게 된다. 그리고 나의 화도 점점 가라앉게 된다. 처음에는 물론 익숙하지 않겠지만 계속 노력하다 보면 현명하게 아이를 대하게 될 것이다.

얼마 전에 큰아이의 학교 앞 문방구에서 문어 솜 인형을 산 적이 있다. 동생과 싸움이 있을까 봐 같은 종류로 2개 샀다. 근데 무늬가 아주 조금 틀렸다. 언뜻 보기에는 똑같아 보였지만 자세히 보면 조금 틀렸다. 며칠 뒤, 아침 등원준비 중 그 인형 때문에 사단이 일어났다. 서로 하나를 두고 자기 것이라고 우기는 상황이 일어났다. 똑같은 인형을 두고 왜 싸우는지 이해하기 힘들었다. 사건의 전말은 이러했다.

둘째 아이는 전날 유치원에 언니 문어인형을 자기 인형인 줄 알고 가져갔다. 그 당시에는 큰아이도 동생이 가져간 인형이 자기 것인지 몰랐다. 인형을 산 지 얼마 안 되어서 아이들도 서로 헷갈린 것이다. 그리고 유치원에 다녀온 둘째는 빨래 바구니 안에 인형을 넣어놓고 다른 놀이를 하다가 잠이 들었다. 다음 날 불현듯 생각이 난 아이는 인형을 또 유치원에 가져가려고 바구니에서 꺼내 신발장 옆에 놓았다. 그런데 갑자기 언니가 자기 것이라면서 빼앗아갔다. 아이는 세상을 잃은 것처럼 놀라서 악을 쓰고 울기 시작했다. 아무리 이야기해도 아이는 자기가 바구니에 넣어놨다고 자기 인형이라며 고집을 꺾지 않았다.

하원 후 아이에게 미러링 방법으로 대화를 시도했다.

"지아야, 오늘 인형 때문에 많이 울었잖아. 어떻게 된 건지 자세히 이야기해줄 수 있어? 화난다고 발로 바닥 쾅쾅 치는 건 나쁜 행동이야. 말로 이야기해보자."

"내가 어제 유치원에 갔다 와서 바구니에 숨겨놨어. 이게 내 거 맞아!"

"아, 그랬구나. 지아가 어제 유치원에 갔다 와서 바로 바구니에 넣어놨구나. 근데 언니랑 엄마가 지아 거 아니고 언니 거라고 해서 지아가 많이 속상했구나."

"응, 이거 내 건데 속상했어!"

"그래, 이 인형이 어제 지아가 유치원에 가져간 인형이야. 근데 지아가 언니 거를 가져간 거야. 두 개가 너무 비슷해서 언니랑 지아 둘 다 헷갈린 거 같아. 그러니까 이건 원래 언니 인형이었으니까 언니 주고, 지아는 지아 인형을 갖자. 알겠지?"

동생은 언니에게 인형을 양보하고 원래 자신의 인형을 갖기로 했다. 차분하게 아이의 말과 감정을 인정해준 뒤, 앞으로의 해결방안을 이야기 했더니 아이는 진정하고 내 이야기를 듣기 시작했다.

둘째, I-MESSAGE, 나 전달법이다. 이 방법은 부부 사이에 더 필요한 대화 방법이다. 물론 아이에게 해도 좋다. 감정이 격해지다 보면 부부의 대화가 직설적이고 비판적일 때가 많다. 나의 감정을 이야기하기보다 상대의 행동을 지적하고 비난한다. 그러면 서로 감정이 더 악화된다. 대화의 방식을 상대가 아닌 나를 주어로 하여 나의 생각과 감정을 솔직하게 말하는 것이다. 나의 일화로 예를 들어보겠다. 가정에서 흔히 일어나는 일이다.

주말에 우리는 집에서 고기를 구워 먹는 날이 많다. 고기를 굽기 전에 준비해야 할 것이 많다. 쌈을 씻어야 하고 마늘, 고추를 썰고, 김치도 꺼내고, 고기와 함께 구울 부재료도 손질해야 한다. 그리고 아이들 식기도 따로 챙겨야 했다. 나는 남편이 함께 도와주길 바랐지만 남편은 거의 앉아서 기다리는 날이 많았다.

"당신은 왜 맨날 준비하는 것도 안 도와주고 앉아만 있는 거야?"
"그냥 대충 먹으면 되잖아!"
"기본적인 건 준비해야지. 왜 맨날 그런 식이야 당신은? 대충 대충!"

식사를 마친 후에도 나는 신경이 날카롭다. 이제 치워야 할 순간인데도 남편은 망부석처럼 움직이지 않고 있다가 그대로 누워버린다. 나의 화는 점점 더 끓어오른다.

"일어나! 빨리 같이 치워! 설거지를 하든가!"
"좀만 이따가 치우자. 밥 먹었더니 급 졸려!"
"당신은 항상 이런 식이지! 그러니까 살이 찌지! 먹고 나서 바로 눕지 말라고 했잖아!"
"몰라, 잘 거야. 이따가 치울 테니까 놔둬!"

나는 화를 내며 기다리지 못하고 혼자 식탁을 치우고 설거지까지 끝낸다. 나의 화는 마음속에 가득 쌓여만 갔다. 그러다 나는 I-MESSAGE 대화법을 사용해보기로 결심했다.

"여보, 당신이 가만히 앉아 있으면 내가 너무 힘들어. 같이 준비하면 좋겠어! 내가 씻어놓은 재료를 식탁으로 옮겨주고, 수저를 놔줘. 그리고 아이들 것도 준비해줘."

식사 후 나는 빨리 치워야겠다는 마음을 내려놓고 남편에게 맡겨보기로 했다.

"맛있게 잘 먹었네. 이제 나는 아이들을 씻길 테니까 여보가 쉬었다가 치우고, 설거지도 해줘요! 파이팅!"

"응. 알았어. 조금 있다가 치울게. 걱정하지 마."

남편은 아이들이 모두 씻고 나오자 그때서야 일어나더니 주섬주섬 치우기 시작했다. 나는 아직도 안 치웠냐고 당장이라도 잔소리를 하고 싶었지만 꾹 참고 아이들에게 집중했다. 시간이 다소 걸렸지만 대단한 발전이었다. 남편은 혼자서 식탁을 치우고 마무리를 했다. 고마움을 잊지 않고 표현했다. 나는 최대한 이 방법을 모든 상황에 적용하려고 노력 중이다. 아이에게도 너무 좋은 방법이다. 아이 때문에 화가 난다면 아이의 행동을 비난하지 말고, 내가 느끼는 감정 그대로 이야기하면 된다. 그리고 아이의 행동에 집중하지 말고 어떻게 했으면 좋겠는지 이야기하자. 이제 대화를 할 때 나를 주어로 사용해서 나의 감정을 솔직하게 표현해보자. 나의 부정적인 감정을 솔직하게 표현해야 내 마음의 감정 덩어리가 생기지 않는다.

3
장

아이와 엄마가
함께 성장하는
8가지 원칙

01

육아의 본질은
엄마의 행복에
있다

육아란 무엇일까? 뜻을 찾아보면 '育(기를 육). 兒(아이 아)', '어린아이를 기르다.'라는 뜻이다. 어린아이를 기르기 위해서 가장 중요한 것은 무엇일까? 대부분의 부모는 장난감, 옷, 신발 등등 그런 물질적인 것들이 아이를 위해 꼭 필요하다고 착각한다. 그리고 아이에게 끊임없이 새로 사주지만 아이는 만족하지 못하고 계속 새것을 원한다. 엄마는 대부분 아이를 낳고 나면 자신보다 아이를 위해 에너지와 시간, 돈을 쓴다. 아이가 유치원에 등원하고 나면 엄마는 아이를 위해 청소하고 빨래하고 저녁에 먹일 음식을 준비한다. 그리고 나면 엄마의 시간은 대부분 끝이 난다. 전업 맘의 경우는 대체로 그렇다. 직장 맘의 경우는 아마 더욱 빠듯할 것이다. 퇴근 후 이 모든 일을 해야 하기에 마음이 더 조급하다. 엄마의 24

시간 중 오로지 자신을 위해 쓰는 시간은 고작 1시간도 되지 않는다. 그 것도 허용하지 못하고 지나가 버리기도 한다. 참으로 안타까운 일이다. 엄마는 아이가 태어난 그 순간부터 자신을 위해 쓸 수 있는 시간이 거의 없다. 이것은 누가 시키지 않았지만 본능적으로 엄마들을 그렇게 만든 다. 아이의 존재는 참으로 신비롭다. 마치 아이의 마법에 빠진 것처럼 아 이에게 빠져든다. 그리고 매일매일 아이가 성장하는 사진들로 나의 핸드 폰 사진첩을 채우고 SNS에 사진을 올린다. 가끔씩 아이의 어린 시절의 사진을 보면 미소가 지어진다. 아이가 어느 순간 부쩍 커버린 느낌이다. 아이를 키울 때 제대로 된 양육 방법이나 아이와 애착 방법에 대한 그 어 떤 것도 모르고 아이를 낳았다. 행복할 줄 알았던 육아는 고통과 불안의 연속이었다.

아무것도 모르는 무지상태에서 너무 작고 소중한 아이를 키운다는 건 바람 앞에 놓인 등불처럼 위태롭고 불안하기만 했다. 나는 행복이란 그 자체를 잊고 살게 되었다. 하루하루가 너무 고통스러웠다. 남편도 그 런 내 모습을 보기 힘들었을 것이다. 그 당시에 누구에게도 도움을 청하 지 못했다. 그 당시에는 시부모님과 나의 부모님도 모두 일을 하고 계셨 다. 친언니도 임신 중이었다. 큰아이와 조카는 한 달 반 정도밖에 차이 가 안 났다. 우연의 일치로 같은 해에 임신했다. 지금은 아이들이 친구처 럼 잘 놀고 좋지만 어릴 때는 아이들이 둘 다 어리기에 언니를 만나도 아이들을 챙기느라 정신이 없었다. 그래도 공동 육아는 아이를 위해서나 엄마를 위해서나 좋다. 엄마와 단둘이 있는 시간이 길어지면 아이는 낯가림이 심해지고 사회성도 떨어진다. 나는 큰아이 때 아이가 유난히 카시트를 타면 더 많이 울어서 운전하기 무서웠다. 그래서 멀리 가질 못했다. 아이가 숨이 넘어갈 듯 울어대서 차를 잠시 멈추고 달래고 다시 출발하기도 했다. 나가서 좋았던 날보다 지치고 힘든 날이 더 많았다. 그래서 나는 아이와 무엇을 하든 즐겁지 않고 힘들기만 했다. 아이와의 기억은 거의 행복한 기억보다 힘든 기억이 더 많다.

왜 나는 그때 아이와 행복하지 못했을까? 나는 감사한 마음을 갖지 못하고, 불평하고, 모든 상황을 나쁘게만 생각했다. 아이의 예민함, 남편의 무심함, 시댁의 무관심, 친정에 대한 부담감 등이 다 힘들게만 느껴졌다. 그래서 행복은 내 편이 아니라고 생각하면서 살았다. 주위의 친구들은 시댁에서 아이들 장난감이나 출산용품을 사주셨다고 하는 소리가 들리면 일하시느라 손녀에게 무관심한 시부모님에게 서운해서 남편과 이야기하다가 싸움으로 이어졌다. 결국엔 어머님은 100일 선물로 놀이방 유아매트세트를 사주셨다. 그때 그것은 모든 육아아이템 중 필수였다. 그당시 KBS 프로그램 〈슈퍼맨이 돌아왔다〉에서 이휘재의 쌍둥이 아들이 쓰는 고가의 유아 매트였다. 나는 강남에 있는 매장을 알아보고 남편과 어머님을 모시고 함께 방문했다.

나 : "어머님, 이 매트가 진짜 좋고 유명한 거예요. 요즘 다 이거 깔아놓고 애들 키워요. 가드도 있어서 제가 집안일을 하거나 그럴 때 쳐놓고 놀게 놔둬도 되고, 지윤이가 잘 때 여기저기 굴러다니는데 가드가 있어서 안전하대요."

남편 : "이게 꼭 필요해? 너무 비싼 거 같아. 그냥 인터넷으로 싼 거 사면 안 돼?"

어머님 : "지윤 엄마가 사고 싶은 거로 사라고 해. 괜찮아."

나 : "어머님이 내가 사고 싶은 거로 사도 된다고 하셨잖아. 감사해요 어머님~"

그 당시 세트 매트 가격이 60만 원 정도였다. 상당히 고가이다. 처음 매트가 알려진 시기라 많이 비쌌다. 그것을 선물 받고 둘째까지 잘 썼다. 나는 무엇이든 최신상을 사들였다. 지금 현재 내가 가지고 있는 모든 것에 만족하지 못하고 새로운 걸 원했다. 아이가 이유식을 먹을 때 이유식 마스터기라는 걸 샀다. 찜 기능과 죽을 만들 수 있는 전자제품이었다. 사실 냄비로 써도 되는데 나는 그것이 꼭 필요하다고 느끼면 무조건 사야 했다. 하지만 사고 나면 실망과 후회뿐이었다.

육아용품들은 가격이 대체로 더 비싸다. 막상 써보니 번거롭고 불편했다. 아이가 그렇다고 이유식을 더 잘 먹는 것도 아니었다. 나는 얼른 깨끗하게 세척해서 중고로 팔아야겠다고 생각했다. 다행히 절반보다 조금 더 받고 팔았다. 그렇게 나는 사고, 후회하기를 반복했다. 나는 아이들 옷이나 장난감, 인형, 사운드 북 등을 계속 사들였다. 매일 온라인 쇼핑몰을 보며 쇼핑중독에 빠졌다. 집은 점점 좁아지고 있었다. 아이들 방은 장난감으로 가득 찼다. 하지만 아이들은 계속 새로운 걸 원했다. 금방 싫증을 잘 냈다. 아이들도 짜증이 많아지고, 자기의 물건을 중요하게 생각하지 않았다. 금방 잃어버리거나, 이제 그거 싫다고 새로 사달라고 떼를 쓰는 날도 많았다. 그런 아이들을 보고 내가 바로 서야 한다는 걸 깨달았다. 현재 내가 갖고 있는 것에 집중하기로 했다. 내가 가진 것에 행복을 보지 못하고, 다른 것에서 찾고 있었다.

이서윤, 홍주연의 베스트셀러 『더 해빙』이란 책을 우연히 보게 되었다. 그 책을 보고 내가 그동안 행복을 잘못 생각하고 있었다는 걸 알았다. 지금 현재에 집중하며, 내가 가지고 있는 '있음'에 렌즈를 바꾸고, 세상이 나에게 주는 축복을 온전히 누리는 것, 지금을 100%로 사는 느낌이 바로 해빙이라고 작가는 말한다.

나는 지난 시간 동안 현재에 내가 가진 것에 대해 소중함을 느끼지 못하고 없음에 집중하며, 부정적으로 세상을 바라봤다. 돈을 쓰면서도 너무 비싸게 산 건 아닌지, 다시 또 사고 후회하며 어쩌나, 괜히 샀나? 결핍에 집중하고 부정적으로 생각했다. 그러니 돈을 계속 쓰면서도 만족하지 못하고 행복하지 못했다. 나는 '내가 이걸 살 수 있는 돈이 있구나!'라는 감사하다는 마음이 들도록 노력했다. 한동안 나는 더 큰 집으로 이사를 갈 수 없는 현실에 매우 좌절하고 속상했다. 하지만 이제 그런 마음은 없다. 처음 이 집을 샀을 때는 정말 행복했다. 대출로 사긴 했지만 우리가 열심히 일해서 충분히 갚아나갈 수 있었다. 나는 이 집을 평생 보금자리로 생각했다. 하지만 나는 주위에 지인들의 집을 방문하고 나의 집이 초라하게 느껴졌다. 그래서 불행했고 나만 뒤처지는 것처럼 느껴졌다. 그런 열등감이 계속되고 나는 행복할 수 없었다. 나는 부정적인 생각과 결핍이 나를 계속 불행하게 만든다는 걸 깨달았다. 나는 이미 좋은 집에서 살고 있다. 내 가족이 편안히 쉴 수 있는 나의 집을 다시 사랑하기로 했다.

나와 남편의 러브스토리는 장편 소설이다. 5년 연애 끝에 결혼했다. 22세에 남편을 편의점 아르바이트로 만났다. 그 당시 남편은 편의점 옆에 주유소 직원이었다. 남편은 나와 한 살 차이밖에 나지 않았지만 오래된 사회생활 덕분인지 나보다 훨씬 성숙하고 믿음직해 보였다. 일도 잘하고 성격도 좋아서 사장님의 신임을 받고 있었다. 그런 남편이 왠지 멋있게 보였다. 남편은 나의 차분하고 조용한 성격에 끌렸다고 한다. 우린 천생 연분처럼 너무 잘 맞았다. 식성도 비슷하고 좋아하는 영화나 관심

사도 비슷했다. 거의 남편이 나를 맞춰주었다. 남편과 있는 시간은 너무 즐겁고 좋았다. 그렇게 1년 정도 연애 후 갑자기 남편은 입대하게 되었다. 20세 때 교통사고가 크게 나서 입원하는 바람에 입대시기를 놓쳐서 나를 만나고 24세에 군대에 가게 된 것이다. 나는 그때 정말 힘들었다. 매일 의지하고 만났던 사람을 당장 못 본다고 하니 너무 허전하고 힘들었다. 6개월 정도 매일 편지를 쓰고 울기도 했다. 그때 주고받은 편지가 아직 있다. 가끔 남편과 싸울 때 꺼내 읽기도 한다.

그때 우리는 서로 참 애틋하고 사랑했다. 내가 그런 뜨거운 사랑을 했다는 게 지금은 믿어지지 않는다. 너무 오래된 이야기인 듯하다. 그렇게 좋아서 죽고 못 살았던 우리가 이제는 원수처럼 싸우고 있다는 게 참으로 아이러니하다. 그 당시에 모든 게 서로 잘 맞았지만, 이제는 하나부터 열까지 모두 안 맞는다고 서로 비난하고 있다. 어쩌다가 이렇게 변하게 되었을까? 상대에게 끊임없이 바라기만 하고 정작 나는 아무것도 바뀌지 않았다. 남들과 비교하고 지적하면서 자꾸만 상대가 가지고 있는 것이 아닌 없는 걸 자꾸 바라고 요구했다. 남편이 갖고 있는 호탕함이나 카리스마보다 남편에게 부족한 자상함이나 깔끔함을 바랬다. 그리고 나는 그런 부족한 부분을 채워주지 못하는 남편을 원망하고 미워했다. 나는 그렇게 불행한 일을 되풀이해서 반복하고 있었다. 이제 나는 남편의 장점에 집중하면서 감사함과 소중함을 느끼기로 했다. 매순간 해빙을 실천하자 행복한 일이 계속 생겨났다. 남편은 더욱 성실하게 일했고 가정에 충실했다. 아이들에게도 자상함을 보였다. 놀라운 변화였다.

작은 행복이 모여 큰 행복이 된다. 나는 큰 행복만이 진정한 행복이라고 착각하며 살았다. 소소한 작은 행복이 어쩌면 진짜 행복이다. 나의 아이들이 건강하게 태어난 것에 대한 감사와 행복을 나는 그동안 잊고 살았다. 나는 아이를 간절히 바랐고, 건강하게만 태어나라고 기도했다. 배 속에 있는 아이에게 많은 걸 바라지도 기대하지도 않는다. 그 존재만으로 너무 행복하다. 행복은 내 안에 있다. 내 안에 있는 행복을 지금 이 순간에 충분히 느낀다면 육아는 행복해진다. 엄마의 행복이 육아의 가장 기초이자 정석이다. 나는 육아를 이렇게 정의하려 한다.

'육아, 어린아이를 엄마의 행복으로 기르다.'

02

엄마의 공감이
아이의 잠재력을
깨운다

아이는 엄마의 공감을 가장 필요로 한다. 둘째 아이는 어릴 때부터 그림을 그리다가 조금만 틀려도 다 구겨버리고 낙서를 해서 그림을 망쳐놓았다. 처음 그 모습을 보고 나는 화가 나서 아이를 야단쳤다. 아이의 버릇은 나아지지 않았다. 그림을 제대로 완성하지 못하고 매번 중간에 포기하다 보니 그림 실력이 늘지 않았다. 그러던 어느 날, 나는 아이가 언니처럼 잘 그리고 싶은데 그렇게 안 되니까 속상해서 그런 거라는 걸 알게 되었다.

"지아야, 언니처럼 잘 그리고 싶은데 잘 안 돼서 속상하구나."
"응, 내 그림은 이상해."

"이상하지 않아. 지아야. 원래 처음에는 다 그렇게 그려. 언니도 처음엔 지아처럼 그렸어. 근데 계속 그리다 보니까 이제 잘 그리게 된 거야."

둘째 아이는 이제 또래 친구들보다 그림을 잘 그리게 되었다. 이제 그림 그리는 걸 두려워하지 않고 자신의 상상 속 이미지를 뚝딱 잘 그려낸다. 우리 집안 작은 창에 아이의 그림을 전시해놓았다. 아이의 첫 번째 미술전시관이다. 지나다닐 때마다 보면 웃음이 나고 마음이 행복해진다. 아이가 나중에 커서 보면 흐뭇해지도록 파일에 보관할 예정이다.

오은영의 저서 『못 참는 아이 욱하는 부모』에서 그녀는 아이들이 가지고 있는 감정 주머니에 대해 이렇게 이야기했다.

"아이의 감정 주머니가 작은 이유는 기질적인 부분도 있지만 대부분 부모가 가르치지 않은 탓이다. 감당해낼 기회를 아예 주지 않은 탓도 있다."

아이는 엄마가 얼마나 공감해주는가에 따라 아이의 감정 주머니는 커진다. 아이는 조금만 마음에 들지 않거나 불편하고 짜증이 나면 바로 울어버리고 징징거리며 표현한다. 그럴 때 아이의 행동이 아닌 아이의 마음을 이해하고 공감해주어야 한다. 불편한 느낌이나 감정을 제대로 표현하고 감당해낼 수 있도록 기다려주어야 한다. 하지만 대부분의 엄마들은 행동에 초점을 맞추고 아이를 다그치고 버릇을 초반에 휘어잡겠다고 아이를 무섭게 야단친다.

유난히 둘째가 화가 많고 짜증이 많다. 항상 안전벨트를 하지 않으려고 했다. 외출을 하려고 차에 탔다. 처음엔 스스로 안전벨트를 잘 맨다.

그러다가 가는 도중 무엇이 또 마음에 안 들고 화가 났는지 안전벨트를 안 하겠다고 악을 써낸다. 그때부터 나는 운전을 하고 있지만 내 신경을 온통 뒷좌석에 가 있다. 차에서 계속해서 경고음이 울려댄다. 나는 아이에게 소리친다.

"이지아! 얼른 벨트 다시 해. 벨트 안 하면 아주 위험해. 갑자기 사고가 날 수 있어. 그럼 지아 앞으로 날아가서 꽝 부딪쳐!!"
"싫어!! 답답해. 안 할 거야!"
"너 진짜 혼날래? 경찰 아저씨 지금 오고 있어. 아저씨들은 안전벨트 안 하는 애들 누군지 다 알고 따라와!!"

아이는 더 울고불고 발버둥치기 시작한다. 나는 점점 더 멘붕이 오기 시작했다. 나는 다시 아이의 마음을 공감해보기로 했다.

"지아야, 안전벨트가 많이 답답하고 힘들었구나? 언니랑 엄마도 그래. 그래도 이건 규칙이야. 차를 타면 무조건 해야 하는 거야. 이제 조금 있으면 금방 도착하니까 조금만 힘내자! 엄마가 도착하면 꼭 안아줄게~~"

"알았어! 도착하면 꼭 안아줘야 돼!"

"당연하지!"

아이는 그때서야 다시 안전벨트를 했다. 이제 아이는 꼭 안전벨트를 한다. 할머니가 가끔 뒷좌석 가운데에 앉으실 때가 있는데 안전벨트를 잘 매지 못하시면 아이들이 서로 할머니 안전벨트를 해주겠다며 나선다. 할머니께 안전벨트는 꼭 해야 한다고 내가 예전에 아이에게 해주었던 말을 따라 한다. 그 모습이 너무 기특하고 대견하다.

아이를 공감해주는 일은 나 자신을 인내해야 하는 힘든 일이다. 아이를 끝까지 이해하고 기다려주고 스스로 깨우칠 때까지 우리는 참고 기다려주어야 한다. 중간에 포기한다면 아무 소용이 없다. 아이를 이해하고 공감하기 위해서는 엄마의 감정 주머니가 크고 넓어져야 한다.

그러기 위해서는 엄마의 감정이 풍부해야 한다. 좋은 감정만이 소중한 것은 아니다. 부정적 감정을 잘 다스려야 아이의 부정적인 감정도 잘 이해하고 공감해줄 수 있다.

나는 이제 부정적 감정이 생겼을 때 참고 쌓아두지 않고 아이나 남편에게 솔직하게 표현한다. 그리고 상대방에게 원하는 바를 명확하게 이야기한다. 그랬더니 나의 마음의 감정 주머니가 예전보다 더 커져 있다는 걸 느낀다. 마음이 좀 더 편안하고 여유가 생긴다.

우리 집은 평일에는 항상 9시에 불을 끈다. 예전에는 보통 11시가 취침 시간이었다. 아이들은 밤에 올빼미처럼 잠을 안 자려고 했다. 매일 아침이 되면 깨우느라고 전쟁을 치르듯이 하루를 시작했다. 아무리 깨워도 일어나지 않아 아침 간식은 꿈도 못 꿨다. 씻고 옷 입고 나가기 바빴다. 그리고 아이는 거의 매일 기분이 좋지 않은 상태로 등원을 했다. 그런 생활이 반복되면서 나는 내가 아이의 하루를 망치고 있다는 생각이 들었다. 그러던 중 그날은 힘들어서 책 대신 오디오북을 틀어주었다. 아이들이 너무 좋아했다. 새로운 이야기를 기대하고 빨리 잠자리에 들었다.

그 후 나는 아이들이 잠을 자는 시간임을 알려주는 환경을 만들어주었다. 밤이 되면 아이들 방에 불을 끄고 오디오북을 켜놓는다. 이제 잘 시간임을 알고 알아서 침대에 누워서 이야기를 듣는다. 아침에 일어나면 꿈에 재밌는 일이 있었다고 즐겁게 이야기한다.

올해 큰아이가 초등학교에 입학했다. 학교가 차를 타고 가야 하는 거리라서 매일 데려다 줘야 했다. 둘째는 유치원에서 유치원 차량이 집 앞까지 온다. 하지만 언니가 이제 같이 유치원에 안 가고 엄마가 학교에 데려다준다는 걸 알게 된 둘째는 자기도 엄마가 데려다달라며 떼를 썼다. 나는 혼자 차량에 타고 갈 아이가 안쓰러워 그러겠다고 했다. 불행의 시작은 그때부터였다. 학교 앞에 주차장이 따로 없어서 후문 뒤쪽에 차를 대고 한참 교문까지 걸어가야 했다. 처음에는 잘 따라오던 둘째가 날이 더워지자 힘들다고 안아 달라면서 징징거리기 시작했다.

그리고 차에서 언니와 다투는 날에는 차에서 내리지도 않았다. 그런 날이 많아지면서 큰아이가 지각하는 날이 잦아졌다. 매일 9시를 넘어서 들어갔다. 그리고 기분이 좋지 않은 상태로 유치원에 도착한 둘째는 울면서 떨어지지 않았다. 이대로는 안 되겠다 싶어서 유치원 담임선생님과 원장선생님께 차량을 다시 해달라고 요청했다. 아이는 처음에 유치원버스에 타기 싫다고 심하게 울었다. 하지만 두 아이를 위해서는 달리 방법이 없었다. 아이를 어떻게 설득해야 할지 생각했다. 그리고 나는 아이의 입장에서, 아이가 알아들을 수 있도록 충분하게 설명했다. 그리고 아이에게 잘 해낼 거라고 이야기했다.

"지아야, 유치원 버스를 타게 돼서 많이 속상하지? 엄마도 마음이 아파. 엄마도 매일 지아 유치원에 데려다주고 싶어. 근데 지아는 아침에 언니 학교 가면서 차에서 언니랑 다투는 날도 많고, 차에서 내려서 언니 학교 앞까지 걸어가야 되는데 덥기도 하고 힘들잖아. 매일 그러기엔 언니는 지각하고, 지아도 힘들고, 엄마도 힘들어. 우리 모두를 위해서 엄마가 이런 결정을 하게 된 거야. 지아를 사랑하지 않아서 그러는 거 아니야. 엄마 마음 알지? 지아는 잘 해낼 거야. 엄마는 지아 믿어."

둘째 아이는 이제 유치원 차량을 타고 씩씩하게 잘 가고 있다. 같은 반 친구들도 탄다고 너무 좋아했다. 유치원 차량에 타면 자리에 잘 앉고 친구가 타면 친구와 재밌게 이야기하면서 유치원에 온다고 선생님께서 이야기해주셨다. 아이는 나의 걱정이 무색하게 너무 잘 적응했다. 지금 상황을 완전히 받아들인 듯했다. 나는 이 일을 통해 아이의 빠른 적응력을 깨워냈다. 아이는 그 후 좀 더 의젓해졌다. 그리고 새로운 상황이 생겨도 큰 문제 없이 받아들였다. 진짜 놀라운 변화였다. 큰아이는 엄마와 단둘이 등교하는 시간이 너무 좋다고 이야기했다. 사실 동생 때문에 가장 피해를 본 건 큰아이다. 동생 때문에 엄마의 눈치를 살피는 모습이 너무 미안하다. 나도 아침에 각각 아이에게 집중할 수 있어서 더 효율적이고 마음이 편안해졌다.

큰아이는 배고픈 것을 참지 못하고 화를 내다가 안 되면 울기도 한다. 그날은 저녁을 평소보다 덜 먹은 건지 아이는 배가 차지 않은 듯했다. 하지만 시간이 조금 늦은 시간이었다. 아이가 냉동실을 열더니 꿀떡을 먹겠다고 했다. 나는 시간이 늦어서 안 된다고 다음 날 아침에 먹으라고 좋게 이야기했다. 하지만 아이는 계속해서 요구했다. 급기야 울기 시작했다.

나는 아이를 공감해주려고 말없이 바라만 보고 있었다. 그리고 아이의 표정을 따라했다. 그랬더니 아이가 울음을 멈추고 웃기 시작했다. 그리고 나서 나는 이야기했다.

"지윤아, 조금 출출한가 보구나. 근데 지금 시간에 떡을 먹으면 소화가 잘 안 되서 잠을 잘 못 자. 그리고 떡은 밥이랑 같은 거야. 작아서 그렇게 안 보이지만 떡도 쌀로 만든 거라서 밥 먹는 거랑 같아. 밤에 먹으면 살이 많이 찐대. 그래서 엄마도 떡 엄청 좋아하는데 밤에는 잘 안 먹어. 대신 진짜 배고프면 계란 하나만 먹자. 엄마가 까놨어."
"알았어. 엄마. 계란만 먹고 양치할게."
"내일 아침 간식으로 꿀떡 먹자!"
"응. 엄마. 내일 많이 먹을 거야!"

아이는 아침에 일어나서 꿀떡을 맛있게 먹고 등교했다. 이제 아빠가 가끔 퇴근할 때 야식을 사와도 아이는 "내일 아침에 먹을게. 엄마!" 하며 하던 놀이를 한다. 이제 아이는 식탐이 많이 줄고 스스로 먹는 걸 조절한다. 지금 건강하고 예쁘게 잘 크고 있다. 요즘 소아비만인 아이들이 너무 많다. 아이가 안쓰럽다고 먹을 것을 계속 주거나 무조건 허용하는 것은 아주 위험한 행동이다. 아이는 조절능력이 부족하다. 엄마가 그것을 알려주고 아이 스스로 조절할 수 있도록 규칙을 정해주어야 한다. 아이의 잠재력은 아이의 마음을 공감해주고, 아이가 해낼 수 있다고 믿어줄 때 비로소 깨어난다. 아이 잠재력은 무궁무진하다. 오늘은 아이 안에 어떤 잠재력이 깨어날지 나는 매일 기대한다. 그것은 보물찾기처럼 즐겁고 설레는 일이다.

03

나의 기분을
내 편으로 만들면
아이의 태도는 달라진다

모든 엄마는 아이의 태도를 마음에 들어 하지 않는다. 그 이유는 아이의 어떤 태도가 자신 또는 배우자의 단점으로 보이기 때문이다. 그래서 그런 모습을 볼 때 기분이 안 좋아지고 속상하다. 아이의 그런 단점들이 내 탓인 것만 같아서 미안하기도 하고, 화가 나기도 한다. 나는 아이의 태도에서 좋은 점보다 나쁜 점에 더 집중하고, 그것만 보고, 그거에 대해서만 말하고 있었다. 수없이 말하고 설득했지만 아이의 태도는 달라지지 않았다. 아이는 점점 더 말을 듣지 않았다. 큰아이는 말수가 적은 편이었다. 말도 또래보다 늦게 뗐다. 둘째는 말이 많은 편이고 말도 잘했다. 하지만 어쩐 일인지 둘째도 언니를 따라 하는 건지 뒤늦게 낯을 가리기 시작했다. 부끄럽다고 말하고 명절에 세배하다가 울기도 했다. 그런 모습을 보면서 나는 또 한 번 좌절했다. 그렇게 믿었던 둘째마저 수줍음을 타자 두 아이 모두 나를 닮아가는 거 같아 속상하고 걱정이 됐다. 그런 아이들을 보면서 귀여워해주시는 분도 있지만 인사도 못 한다면서 핀잔을 주시는 분도 있다. 그럴 때면 내가 더 민망하고 부끄러웠다. 나를 지적하는 것처럼 느껴졌다. 그런 날이면 나는 집에 가서 아이들을 더 몰아세우고 야단쳤다. 아이들은 점점 그런 상황이 오는 걸 두려워하고 친척들을 만나는 걸 싫어했다. 악순환이 계속되고 있었다.

나는 이대로 내 아이를 힘들게 할 수 없었다. 아이의 기질로 인한 상황에 내가 기분 상하고, 불쾌해하지 말자고 다짐했다. 그리고 이제 특별한 날이 아니더라도 친척과 자주 왕래를 해서 익숙해지도록 해주기로 했다. 아이들은 완전히 낯가림이 나아지진 않았지만, 예전보다 많이 밝아졌다. 친척에 대한 부담감과 두려움은 없어진 듯하다. 늘 내 기분은 다른 누군가에 의해 좌지우지되고 있었다. 다른 누군가의 평가로 인해 나뿐만 아니라 내 아이들을 괴롭히고 있었다. 아이가 잘못하면 내가 못한 것처럼 느껴졌다. 아이는 아이 존재만으로 충분하다. 그런데 나는 왜 아이가 더 잘하길 기대하고 바라게 되는 걸까? 이제 걱정과 욕심을 내려놓자.

윤우상의 『엄마의 심리수업』에서 그는 엄마 냄새 법칙은 우주의 법칙이라고 이야기한다.

"받는 것 없이 예쁜 애가 있고, 주는 것 없이 미운 애가 있다. 바로 엄마 냄새 때문이다. … 사랑받은 아이는 사랑을 끌고 미움받은 아이는 미움을 끌어당긴다. 엄마 냄새 법칙이 우주의 법칙이다."

내 아이에게는 엄마의 어떤 냄새가 날까? 늘 걱정되고 못마땅한 냄새? 항상 부족한 냄새? 소극적이고 답답한 냄새? 막무가내 진상이라는 냄새? 부정적인 마음으로 항상 아이를 바라보고 대했던 내 자신이 후회됐다. 나는 이제부터 내 아이를 사랑이 넘치고, 행복한 냄새를 풍기는 그런 아이로 만들겠다고 다짐했다. 그렇게 하려면 엄마가 먼저 사랑이 넘치고 행복해져야 한다. 나 자신의 기분을 내 편으로 만들어 내 삶이 행복해지도록 노력하자. 내 기분을 내 편으로 만들 수 있는 가장 쉽고 좋은 방법은 바로 '감사하기'이다. 작은 감사부터 시작하자.

친정아버지가 뒤늦게 재혼하셔서 새어머니가 계신다. 친구 중에 한 친구는 거의 친정에 가서 살다시피 하는 친구도 있다. 그런 친구를 보면 가끔 부럽기도 하다. 나도 아버지가 일찍 재혼하셔서 어머니가 일찍 생겼다면 좀 더 편안하게 의지하고 산후조리나 육아도 도움을 받았을 텐데 하는 바람도 있었다. 지금 물론 너무 잘해주신다. 매년 김치도 해주시고 아이들 선물도 자주 사주시고 용돈도 주신다. 감사할 따름이다. 아빠가 아직도 혼자 계셨다면 어땠을까 하고 생각하니 아찔하다. 남자는 혼자 살면 금방 늙고 병이 든다. 옆에서 누군가 챙겨줘야 하는 존재인 것 같다. 새어머니를 늦게나마 만나셔서 다행히 노년을 젊고 편안하고 행복하게 살고 계신다. 이 모든 게 다 축복이고 감사할 일이다. 하지만 나는 새어머니께 제대로 감사의 인사를 하지 못했다. 처음에는 새어머니를 만나고 '저렇게 예쁘시고 고우신 분이 우리 아버지와 사신다고?' 뭔가 의심의 눈으로 바라보고 믿지 못했다. 그리고 혹시나 아버지가 상처받으시는 건 아닌지 걱정했다. 이제 새어머니는 아버지뿐만 아니라 나와 언니 그리고 손녀들과 손주까지 알뜰하게 챙겨주신다. 나는 이제 새어머니라는 선입견을 버리고 친어머니로 진심을 다한다.

처음에 아이들도 외할머니를 어려워했다. 할머니의 인사나 물음에 대답하지 않아서 내가 대신 대답을 하기도 했다. 나는 친정에 다녀온 후에 항상 기분이 좋지 않았다. 항상 외갓집에 가기 전에 아이들에게 할머니께 인사하고, 대답도 하라고 강요했다. 그래도 아이들은 달라지지 않았다. 나는 곰곰이 생각했다. 무엇이 아이들을 이렇게 만들었을까? 나의 사랑이 부족했다는 걸 알았다. 나는 아이들에게 외할머니와 외할아버지에 대해 이야기해준 적이 없었다. 사실 아이들을 데리고 친정에 거의 가지 않았다. 생신 때나 명절에만 갔었다. 두 분 모두 일하시는데 애들을 데리고 가면 쉬시지도 못하고, 아이들도 낯가리고 힘들어하니까 가지 않는 게 낫다고 합리화했다. 지금 돌이켜보면 참 바보 같은 짓이었다.

이제 그러지 않기로 했다. 나는 아이에게 엄마가 할머니, 할아버지를 얼마나 사랑하는지 보여주기로 했다. 요즘 거의 토요일마다 외할머니와 외할아버지를 만난다. 아이들과 외갓집에 가서 밭일도 도와드리고, 정성껏 키운 채소도 함께 따서 오기도 했다. 그리고 가끔은 외갓집에서 자고 오기도 했다. 이제 아이들은 전처럼 외할머니, 외할아버지를 어렵고 무서워하지 않는다. 이제 인사도 자연스럽게 하고 유치원에서 배운 춤과 노래도 불러 드리기도 한다. 아이들이 외할머니와 외할아버지께 안겨 있는 모습을 보면 흐뭇하고 행복하다.

나는 아이들의 행동 하나하나를 부정적으로 받아들이고 그것을 당장 고쳐보겠다고 어리석게 행동했다. 아이들에 대한 믿음이 부족했다. 나를 닮아가는 것을 부정적으로 생각했다. 나 자신을 사랑하지 못하고 나를 부족한 사람이라고 저평가했다. 아이는 당연히 부모를 닮는다. 불안할 일이 아니다. 나를 사랑하고 나를 대단한 사람이라고 나 자신을 높이 평가한다면 아이들의 행동에서 긍정적인 모습을 보게 될 것이다. 이제 아이에게 나의 모습이 보이면 웃음이 나고 행복하다. 또한 나의 어린 시절이 떠오른다. 그리고 그때의 일을 아이에게 이야기해준다. 특별하지 않은 이야기도 아이는 또 이야기해달라며 너무 재밌어한다. 아이들은 나의 이야기에 용기와 힘을 얻는다. 가끔 아이가 학원이나 학교 발표가 있는 날이면 두려워한다. 나 역시도 그런 시절이 있었다. 그런 날 정말 학교에 가기 싫어서 꾀병을 부리고 안 간 적도 있다. 그렇게 수줍음을 타고 소극적이던 내가 많은 친구들과 선생님들 앞에서 장기자랑에 나간 적이 있다. 중학교 2학년 때 일이다. 수학여행에서 친구들에게 나를 알리고 싶었다. 그래서 열심히 연습하고 마침내 장기자랑에 나갔다. 그때 나는 내가 무대 체질이라는 걸 알았다. 무대가 너무 즐겁고 신이 났던 기억이 난다.

그 후로 자신감을 얻고 여러 번 장기 자랑에 나갔다. 그때 사진을 앨범에 잘 보관하고 있었지만 이사 중에 없어지고 말았다. 꼭 찾아서 아이에게 보여주려고 열심히 찾는 중이다. 혹시 찾게 된다면 나의 블로그와 카페에 올려서 '나의 잊지 못할 첫무대'라고 평생 남겨둘 것이다. 당신에게도 그런 소중한 추억이 있을 것이다. 아이와 함께 나누어보자. 아이는 누구보다도 잘 들어준다. 나는 그때의 일을 아이에게 이야기해주면서 지금은 두렵고 떨리겠지만 도전하고 나면 행복하고 즐거운 추억이 될 거라고 이야기해주었다. 아이가 지금을 먼 훗날 떠올리게 될 때 행복하게 기억하길 바란다.

사실 나의 기분에 가장 크게 영향을 주는 사람은 남편이었다. 나는 남편과 함께 있는 시간이 많았다. 사업을 하는 남편은 가끔 시간적으로 여유가 있었다. 그럴 때면 나와 함께 시간을 보내길 원했다. 처음에는 오랜만에 영화도 보고 쇼핑도 하고 좋았다. 그러나 그런 날이 잦아지자 답답함을 느꼈다. 평소 나는 아이들이 학교에 갔을 때 명상이나 운동, 또는 책을 읽고 혼자만의 시간으로 힐링했다. 남편은 나와 반대 성향이라 나의 취미를 이해하지 못했다. 나의 시간이 줄어들자 점점 지치고 의욕을 잃어갔다. 남편에게 내 시간을 빼앗기고 있다는 생각이 들면서 남편에 대한 불만이 쌓이기 시작했다. 그런 마음이 커지면서 남편과 사사건건 부딪혔다. 내 기분은 점점 나빠지고 남편도 나의 감정에 휘말리고 있었다. 오후가 되고 아이들이 하교 후 집으로 돌아왔을 때 우리 부부는 좋은 감정으로 아이를 대하지 못했다. 아이의 잘못된 행동을 보면 서로의 단점을 닮았다고 흠집을 내며 싸우는 모습을 아이들에게 보이기도 했다. 아이는 부모의 어른답지 못한 모습을 보면서 위축되고 자존감은 계속 낮아지고 있었다. 나의 잘못된 생각이 아이뿐만 아니라 남편까지도 망치고 있었다. 나는 남편에게 희생한다고 생각했기에 억울한 감정이 들었던 것이다. 아이도 마찬가지다. 내가 아이를 위해 모든 걸 참고, 희생해야 한다는 마음으로 육아를 했다. 그것이 나의 큰 오류라는 걸 깨달았다.

기시미 이치로. 고가 후미타케의 베스트셀러『미움 받을 용기』에서 철학자는 지금 당장 행복해질 수 있는 방법에 대해 이렇게 이야기한다.

"남이 내게 무엇을 해주느냐가 아니라, 내가 남을 위해 무엇을 할 수 있는가를 실천해보라. 그렇게 공헌하고 있음을 느낀다면 눈앞에 현실은 완전히 다른 색채를 띠게 된다."

작가는 어느 가정에서 흔히 일어나는 상황을 예시로 들면서 이해하기 쉽게 설명한다. 저녁 식사를 마친 후, 식탁 위에 그릇은 고대로 놓여 있고 아이들은 각자 방으로 들어가고, 남편은 소파에 앉아 TV를 보고 있다. 나는 뒷정리를 혼자 하면서 불만이 생기기 시작한다. '왜 도와주지 않는 거지? 왜 나만 일해야 하는 거지?'라며 떠오르는 부정적인 생각을 '나는 가족들에게 도움을 주고 있다'고 생각해보라고 이야기한다. 지금 나의 감정을 내가 알아차리는 것이 중요하다. 그리고 그 감정을 나에게 도움이 되는 감정으로 전환시키는 것이다. 물론 때론 정말 힘든 날도 있을 것이다. 그래도 우린 엄마다. 나의 사랑하는 아이를 위해 내가 먼저 바뀌어야 한다.

내가 가족들에게 희생하고 있는 것이 아닌 공헌하고 있음을 느끼자 자신감이 생기고 자존감도 올라갔다. 그리고 매일 힘들고 지겨웠던 일들이 즐겁고 행복하게 느껴졌다. 가족에게 감사나 보답을 바라지 말자. 그래야만 나의 가치는 더욱 빛난다. 엄마의 좋은 에너지를 받고 자란 아이가 남들보다 빛나는 건 당연한 일이다.

04

아이는
싸워서 이겨야 할
대상이 아니다

아이가 세 살이 되자 자기주장이 생기면서 무엇이든지 혼자 하려고 했다. 이제 엄마의 도움 없이도 혼자 할 수 있다고 생각하지만 생각처럼 되지 않자 엄마에게 화풀이하고, 그대로 드러누워 울기 시작한다. 해주겠다고 해도 발차기를 해대고 내 말을 아예 듣지 않는다. 말이 통하지 않는 아이를 설득한다는 건 진짜 쉬운 일이 아니다. 아이가 알아들을 때까지 침착함을 잃지 않고 화내지 않고 설명해야 하지만 나는 그러지 못했다. 두 번 세 번 이야기하다가 이내 폭발하고 만다. 아이가 나를 이기려고 고집을 부린다고 생각하니 더욱 괘씸하게 느껴졌다. 예전에 TV프로에서 봤던 훈육방법이 떠올라 이번 기회에 버릇을 단단히 고치겠다고 마음을 먹고 아주 무섭게 아이를 혼낸다. 아이는 머리가 다 젖을 정도로 악을 쓰고 울어댄다. 그래도 나는 아이의 팔과 다리를 잡고 놔주지 않는다. 아이는 여전히 고집을 꺾지 않고 계속해서 같은 말만 반복한다. 나는 이러지도 저러지도 못하고 머릿속이 복잡하다. 아이가 잘못했다고 말하면 좋을 텐데 아이는 그럴 마음이 없어 보인다. 아이의 지친 모습을 보니 마음이 약해진다. 그러나 이렇게 끝내기엔 자존심이 허락하지 않는다. 지금 놔주면 아이에게 지는 것 같다. 그 순간 아이가 끝내 항복한다. 잘못했다고 말하는 아이가 가엾고 미안해진다. 함께 운다.

나는 왜 이 여리고 약한 아이와 싸우고 있는 걸까? 자괴감이 들고 내자신이 싫어진다. 그러나 이런 상황은 끊임없이 반복된다. 아이는 대체 무슨 생각을 하고 있는 걸까? '아이는 왜 이렇게 날 힘들게 할까?'라는 나의 부정적인 생각을 바꾸지 않는다면 아이는 크면 클수록 더욱 날 힘들게 할 것이다. 나는 아이를 어린 시절의 나라고 생각해보기로 했다. 그리고 아이가 스스로 이해하고 받아들일 때까지 믿고 기다려주었다.

며칠 전 학교 앞에서 뽑기를 했다. 마음에 안 드는 것이 나와도 후회하지 않기로 아이와 단단히 약속하고 동전을 넣고 돌렸다. 남자아이들이 좋아하는 캐릭터가 나왔다.

아이의 표정이 안 좋아지기 시작했다.

"지아야, 두루지 벌레라는 딱지가 나왔네. 엄마도 속상하네."

"싫어! 다시 할 거야!!"

"안 돼, 오늘은 이거 갖는 거야. 그리고 다음에 다른 거 뽑는 거야."

"이거 싫어! 뽑기 다른 거 다시 할 거야!!!"

"아니야, 오늘은 끝났어. 네가 이거 고른 거잖아."

아이는 막무가내로 떼를 쓰고 문방구 앞에서 발을 동동 구르고 울었다. 나는 최대한 침착함을 유지했다. 사람들이 한두 명씩 지나가면서 힐끔힐끔 쳐다봤다. 나는 의식하지 않고 아이를 그대로 내버려두었다. 예전이라면 사람들의 시선을 의식하고 아이의 말을 마지못해 들어주었을 것이다.

이제 그러지 않고 아이를 믿고, 규칙을 분명하게 말하고 기다려주었다. 아이는 30분 가까이 땀을 흘리면서 고집을 쉽게 꺾지 않았다. 그러다가 천천히 나에게 걸어왔다. 나는 아이를 안고 잘 참아주어 고맙다고 말해주었다. 아직도 아이는 마음처럼 안 되면 떼를 쓴다. 그러나 나는 포기하지 않는다. 아이를 옆집 아이를 대하듯 친절하게 대해보자. 남편도 옆집 남편처럼 대하라고 누군가 우스갯소리로 하는 걸 듣고 웃었던 기억이 난다.

『해님과 나그네』라는 동화가 있다. 아이를 키우면서 내 마음에 와 닿았다. 나의 잘못도 깨닫게 해주고 나에게 큰 가르침을 주었다.

"바람과 해님이 지나가는 나그네의 옷을 벗기는 내기를 한다. 바람은 자신만만하다. 입김을 크게 불어서 옷을 벗기면 되었다. 그러나 나그네는 단단히 옷깃을 부여잡는다. 나그네 머리 위로 햇살이 강하게 내리쬐었다. 얼마 가지 않아 나그네가 스스로 외투를 벗었다. 결국 해님이 승리한다."

나는 바람처럼 아이를 키우는 데 자신만만했다. 그리고 내 뜻대로 하려고 아이를 거세게 몰아세우고 다그쳤다. 그럴수록 아이는 빗나가고 아이의 마음은 굳게 닫혔다. 나는 비로소 깨달았다. 아이의 마음을 여는 건 엄마의 따뜻한 마음이다. 차가운 눈빛과 거친 말로 아이를 대한다면 아이는 달라지지 않는다. 엄마의 따뜻한 미소, 부드러운 말이 아이의 화난 마음을 녹인다. 아이가 심하게 흥분했다면 빨리 풀어주려고 애쓰지 말자. 일단 스스로 진정할 때까지 기다려주자.

아이는 엄마의 말이 공격으로 들리고 더욱 흥분하게 된다. 아이가 울음을 멈추고 마음이 진정된 후에 이야기해야 서로에게 플러스가 된다. 초반에 에너지를 소모해서는 안 된다. 아이가 진정될 때까지 나의 마음을 잘 추스르자. 아이의 문제 행동에 초점을 맞추지 말고 지금 아이가 느끼고 있는 감정에 나의 포커스를 맞추어야 한다. 그리고 아이가 왜 이렇게 흥분하고 화가 났는지 이해하려고 노력해보자. 내가 아이가 되어 아이의 마음을 느껴보자. 그렇다면 아이의 진심을 알게 될 것이다. 그렇다면 어렵지 않게 아이와의 갈등을 해결할 수 있다. 아이는 아직 미숙하고 순수하다. 부정적으로 바라보면 나쁘게 보이고, 긍정적으로 바라보면 좋게 보인다. 세상에 나쁜 아이는 없다. 엄마의 마음이 그렇게 볼 뿐이다.

채널A 프로그램 〈요즘 육아 금쪽같은 내 새끼〉에서 육아 멘토 오은영 박사는 아이의 올바른 훈육에 대해 이렇게 말했다.

"보통 부모들은 훈육을 아이의 버릇을 따끔하게 고쳐줘야 하는 것이라고 생각한다. 그 생각을 바꾸어야 한다. 올바른 훈육이란, 분명하게 원칙을 알려주는 것이다. 또한 아이는 싸워서 이겨야 할 대상이 아니다. 수천 번 가르쳐야 하는 존재이다. 감정적으로 대해서는 안 된다."

나 또한 아이를 훈육한다는 명분으로 아이를 무섭게 대했다. 그 방법이 최선이라고 생각했다. 하지만 그 방법은 아이를 망치게 하는 최악의 방법이었다. 아이는 날 자극하려고 일부러 발을 쿵쿵 뛰면서 바닥을 치기도 했다. 그러다가 정말 아래층에서 너무 시끄럽다며 올라온 날도 있었다. 나는 죄송하다는 인사를 하고 아이를 다시 혼내고 야단쳤다. 하지만 아이는 계속해서 화가 날 때마다 같은 행동을 일삼았다. 아이는 훈육에서 그 무엇도 배우지 못했다. 서로 감정만 악화할 뿐이었다. 감정적으로 아이를 대하게 되면 훈육은 기 싸움이 돼버리고 만다는 걸 알았다.

아이의 문제 행동을 보고 평정심을 유지한다는 건 말처럼 쉬운 일이 아니다. 큰아이가 자기 얼굴을 할퀴고, 머리를 바닥에 박기도 하고, 침을 뱉기도 하고, 바닥에 눕기도 했다. 주위에서 내 아이의 그런 모습을 보고 놀랐다. 나는 때와 장소를 가리지 않고 그런 행동을 하는 아이로 인해 스트레스를 받고 창피함을 느끼기도 했다. 그래서 아이를 들쳐 안고 집으로 들어가기도 했다. 큰아이의 행동이 차츰 나아질 때쯤 둘째 아이까지 똑같은 행동을 하고 더욱더 심하게 떼를 썼다. 그때 아이들을 잘못 키운 것이라는 자괴감과 자책감이 들어 많이 힘들었다. 아이들 모두 감정 기복이 심했다. 그걸 맞춰주기가 버거웠다. 나는 아이의 감정을 그때그때 캐치하지 못하고 아이의 욕구를 충족해주지 못했다. 그래서 아이는 문제 행동으로 자기의 욕구를 표현했다.

어느 날, 아이들이 장염에 걸려서 약을 먹고 있었다. 큰아이는 어릴 때부터 장이 좋지 않아서 약을 더 먹어야 했다. 둘째는 이제 다 나아서 약이 없었다. 하지만 언니가 약을 먹으니 자기도 약 먹고 싶다고 9시가 된 시간이었는데 발버둥을 치면서 떼를 쓰기 시작했다.

"지아야, 지아도 약 먹고 싶구나~ 근데 지아는 이제 다 나아서 약 그만 먹어도 돼."

"싫어. 나도 약 먹을래. 약 맛있단 말이야!"

"지아가 유치원에서 『약은 주스가 아니야』라는 책 가져와서 읽은 적 있잖아. 약은 아플 때만 먹는 거야."

"그래도 먹을 거야!"

"아프지 않는데 약을 계속 먹으면 나중에 진짜 아플 때 그 약이 안 들어서 아주 독한 약을 먹어야 되고, 주사도 맞아야 돼. 그래야 세균이 죽는데."

"진짜? 주사도 맞아야 돼?"

"응! 큰 병원으로 가서 아주 쓴 약하고 주사 맞아야 돼. 그럼 엄청 아프겠지?"

"응, 엄마. 알았어."

아이는 충분히 이야기해야 받아들였다. 그리고 더 이상 떼쓰지 않고 잠이 들었다. 아이에게 안 된다고만 말하고 아이를 억지로 재웠다면 아마 아이는 계속 울고 잠을 자지 않았을 것이다. 나는 다시 아이와 싸움을 했을지도 모른다. 지금 이 상황에서 나는 아이에게 무엇을 가르칠 것인가를 생각하자. 아이는 진짜 모르기 때문에 그런 행동을 한다고 생각해야 한다. 한 번 알려줬다고 해서 아이가 알 것이라고 단정 짓지 말아야 한다. 계속 반복해서 가르쳐야 한다.

최성애. 존 가트맨 박사의 『내 아이를 위한 감정코칭』에서 그녀는 아이의 훈육에 대해 이렇게 말한다.

"아이의 마음을 먼저 공감해주고 행동의 한계를 정해주어야 한다. 아이를 공감한다고 해서 행동까지 모두 받아주어서는 안 된다. 아이의 감정이 아니라 행동이 잘못되었다는 것을 깨닫게 해주는 것이 중요하다."

아이의 마음을 먼저 읽을 수 있는 현명한 엄마가 되자. 아이의 지금 마음을 알아차리자. 아이의 행동이 아닌 감정에 초점을 맞춘다면 더 이상 아이와의 갈등은 없을 것이다.

05

나부터
행복해질 용기를
가져라

지금 당신은 행복한가? 행복이란 무엇일까? 행복은 대체 어디에 있는 걸까? 나는 끝없이 고민했지만 행복이 어디에 있는지 알 수 없었다. 아이를 키우면서 행복은 나와 상관없는 일이라고 생각했다. 행복을 느낄 여유가 내게 남아 있지 않았다. 시간이 지날수록 예민해지고, 고집불통인 두 아이를 나 혼자 감당하기에 너무 벅찼다. 남편은 새로운 사업을 시작해 바쁜 시기를 보내고 있었다. 말 그대로 독박육아였다. 나는 남편이 퇴근해서 오면 반갑게 인사하지 않았다. 내가 힘들고 불행하다는 걸 알려주고 싶었던 것 같다. 남편에게 위로받고 싶었다. 그래서 나는 남편이 오면 힘들었던 일이나 아이들의 문제 행동 등등 부정적이고 나쁜 말만 늘어놓았다. 남편은 나를 이해하지 못했다. 내 이야기를 들어주면 좋겠는데 남편은 항상 내가 틀렸다고 말했다. 대화가 끝까지 이루어지지 않았다. 마음이 답답했다. 남편은 나 혼자 아이를 케어하고, 집안일도 온전히 내가 다하고 있었지만 고마움을 몰랐다. 자신도 밖에 나가서 일한다고 당당히 말하고 퇴근 후에는 아무것도 안 하고 쉬려고만 했다. '나는 왜 이렇게 이기적인 남자와 결혼했을까?' 하는 후회를 했다. 이혼해서 혼자 애들을 키우면 마음이라도 더 편할 거 같다는 생각도 했다. 같이 있으면서 도와주지 않는 남편이 너무 밉고 보기 싫었다. 부모 복 없는 사람은, 남편 복도, 자식 복도 없다는 말이 꼭 나를 말하는 것 같았다.

세상의 불행은 나에게 모두 모여든 것처럼 느껴졌다. 딸들은 커서 엄마한테 잘한다고 하던데 대체 언제 크는 건지 시간이 멈춘 듯이 느리게 갔다. 아이들이 하루빨리 크기만 바랐다. 나는 내가 불행한 이유를 남편과 아이들 때문이라고 생각했다. 아이들은 나를 괴롭히려고 태어난 것처럼 느껴졌다. 나는 점점 더 작아졌다. 엄마의 부정적인 말과 성향을 아이들은 그대로 받아들였다. 아이들은 자존감이 낮고, 작은 일에도 상처받고 많이 울기도 했다. 친구들과의 관계에서 많이 힘들어했다. 그런 아이를 보면 마음이 아프고, 너무 속이 상해서 아이에게 화를 내기도 했다.

어느 날 아이가 학교에 다녀오자 마자 펑펑 울기 시작했다. 나는 이유를 알지 못했다. 아이는 그동안 참아왔는지 크게 소리 내며 한참을 울었다.

"지윤아, 무슨 일이야? 왜 그래? 말을 해야 알지."

"엄마!!!!! 이제 나 해솔이랑 친구 아니야. 이제 난 친구 없어."

"해솔이랑 싸웠구나! 무슨 일이 있었어?"

"어제 해솔이가 일일반장이었는데, 나랑 놀기로 하고 다른 친구들 말만 듣고 나랑 한 약속은 안 지켰어! 근데 오늘 해솔이가 사과할 줄 알았는데 나한테 사과도 안 하고, 다른 친구들이랑 놀았어. 내가 반장이었을 때 나는 해솔이랑 같이 놀고, 해솔이 말도 잘 들어줬단 말이야."

"그랬구나. 지윤이가 속상했겠네. 해솔이가 하루 지나서 잊어버린 거 같아. 다음부터는 속상한 거 있으면 해솔이에게 바로 솔직하게 말해. 해솔이가 지윤이 마음을 다 알진 못해."

"싫어. 난 말 안 해. 말하기 싫어."

"그럼 지윤이 마음만 아프고 힘들어져. 지윤아, 속상하고 화나도 말로 이야기해야 돼."

아이는 그 뒤로 한참을 울었다. 아이의 마음은 불행해 보였다. 아이의 모습이 낯설게 느껴지지 않았다. 나의 모습과 너무 똑같았다. 내가 바뀌지 않는다면 내 아이들도 나와 같은 생각으로 세상을 살아갈 것이다. 아이의 기질은 바뀌지 않는다. 하지만 마인드는 얼마든지 노력하면 바꿀 수 있다. 무엇인가를 처음 부딪혔을 때 부정적인 마인드가 아닌 긍정적인 마인드로 바라볼 수 있는 힘이 생기도록 노력해야 한다. 내가 먼저 시작하고 바뀐다면 아이들 뿐만 아니라 가족 모두가 바뀐다.

나는 '긍정적인 생각 하나가 수천 개의 부정적인 생각을 몰아낸다.'는 말을 믿는다. 하루에 단 한 가지 생각이라도 희망적이고, 긍정적인 생각을 하는 습관을 가져보기로 했다. 처음엔 물론 크게 삶이 달라지는 걸 느끼지 못한다. 하지만 하루하루가 지나다 보면 부정적인 생각보다 긍정적인 생각을 많이 하고 있는 나를 발견하게 되고 놀라게 된다.

아이가 유치원에서 추석 전이라 국악에 관련된 수업을 하고 있었다. '탈춤놀이'라는 노래를 너무 신명나게 흥얼거리는 것이었다. 국악 소녀 '송소희'가 생각났다. 설마 우리 딸도 신동이 아닐까 하는 생각이 처음 들었다. 박자, 음정, 느낌 모두 완벽했다. 나는 사실 내 아이는 평범하고 특별하지 않다고 말해왔다. 그래서 아역배우나 아이돌 연습생 등등 그런 것은 전혀 생각을 안 했다. 아이가 잘하는 거라고는 떼쓰고 우는 거밖에 없다고 생각하며 아이를 부정적으로 바라봤다. 아이돌이나 스타는 다른 집 아이들 이야기라고 생각했다. 그런데 어느 날, 나의 생각이 점점 바뀌고 있었다. 아이는 노래 부르는 걸 좋아하고, 노래도 금방 외우고 잘 따라 했다. 아이에게 그쪽으로 잠재력이 있는 듯하다. 나는 이 잠재력을 깨워주려고 한다. 아이의 1% 가능성을 엄마가 캐치하고 크게 키워준다면 아이의 가능성은 더 크게 발전할 수 있다. 나는 아이의 모든 가능성을 찾아서 크게 키워줄 것이다. 나에게는 충분히 그럴 만한 안목과 능력이 있다. 나를 믿고 나의 아이를 믿어주자.

2021 도쿄올림픽에서 가장 핫한 선수 김연경의 명언을 듣고 나는 큰 감명을 받았다.

"최고의 복수는 복수하지 않는 거죠. 거기서 벗어나서 그냥 행복해야죠."

나는 친엄마에 대한 복수, 남편에 대한 복수, 나의 불행한 인생에 대한 복수, 끊임없는 자신과의 복수로 나를 괴롭히고 있었다. 대체 누구를 위한 복수였을까? 나는 행복해질 용기가 부족했다. 불행하기를 결심한 것처럼 계속 불평하고 불만을 갖고 투덜거렸다. 내 삶에 만족하지 못하고 남 탓을 하며, 피해자처럼 굴었다. 내가 행복해지면 누가 빼앗아가는 거처럼 나는 불행을 이야기하고 불행한 생각만 했다. 이제 나는 최고의 복수를 위해 그냥 행복해지기로 했다. 방법은 어렵지 않다. 나를 이해하고 사랑한다면 행복해질 수 있다.

백세희의 『죽고 싶지만 떡볶이는 먹고 싶어』에서 저자는 기분부전장애라는 불안장애를 겪고 있는 자신의 이야기를 솔직하게 이야기한다. 그녀의 한마디 말로 나는 큰 위안을 얻었다.

"괜찮아, 그늘이 없는 사람은 빛을 이해할 수 없어."

누군가 나에게 그늘이 있어 보인다고 말한 적이 있다. 그때 그 말을 듣고 기분이 좋지 않았다. 하지만 나는 이제 그런 나도 사랑하려 한다. 나를 있는 그대로 사랑하고 인정해야 마음이 편안해지고 행복할 수 있다. 나의 모습 그대로를 사랑하자. 나조차도 나 자신을 사랑하지 않는데 그런 나를 누가 사랑할 수 있을까? 나의 단점에 초점을 맞추고 자신을 비관하지 말자. 자신의 모습을 그대로 받아들여야 한다. 누군가와 비교하려고 하지 말자. 그동안 나는 나의 대한 불신으로 나의 단점에만 관심을 기울였다. 그래서 사람들 앞에서 말하거나 주목받았을 때 어떻게 비칠지 신경이 쓰이고 불안해했다. 그래서 더 긴장하고 얼굴이 달아올랐다. 그런 내 모습을 보고 비웃거나 직설적으로 말하는 사람에게 집중했다. 어리석었다는 걸 이제 깨닫는다. 나는 이제 나를 인정하고 나를 사랑한다. 그리고 나를 격려해주고 사랑해주는 사람들에게 집중한다. 불필요한 인간관계로 나를 불행하게 만들지 말자.

나 자신이 초라해 보이고 보잘 것 없는 사람처럼 느껴질 때 로버트 존슨의 명언을 떠올려보자.

"최악의 순간이 아닌 최고의 순간을 떠올리면 자신을 평가하라."

나는 두 아이를 키우면서 예상하지 못한 수많은 시행착오를 겪으면서 어려움이 많았다. 나는 이제 앞으로 육아를 시작하게 될 예비 엄마들이 나와 같은 육아의 고통을 겪지 않도록 많은 도움과 이야기를 전하고 공감하고 위로하는 작가이자 동기부여 코치로 행복을 전하고 싶다. 그리고 육아의 기쁨과 행복을 느낄 수 있기를 바라는 마음으로 이 책을 쓰고 있다. 지금 나는 나 자신이 자랑스럽고, 다시 꿈을 꾸고 도전한 나 자신에게 고맙다.

누군가 말했다. "내가 나를 정의하지 못하면 남이 나를 정의한다." 사람들은 누군가를 평가하기를 좋아한다. 그들이 나를 평가하기 전에 내가 먼저 나를 당당하게 정의하자. 나는 베스트셀러 작가이자 행복육아, 자기계발코치이다.

지금 나는 행복하다. 우리는 얼마든지 행복한 육아를 할 수 있다. 엄마가 먼저 행복해질 용기를 내야 한다. 아이를 위해서 엄마의 행복이 무엇보다 중요하다는 걸 나는 이제야 깨닫는다. 엄마의 행복을 사치라고 생각하고 있다면 잘못된 생각이다. 아이에게 가장 필요한 건 엄마의 행복이 가득한 사랑이다. 엄마가 행복하지 않다면 아이는 행복할 수 없다. 감정은 전염성이 강하다. 엄마의 감정이 아이에게 미치는 영향은 강력하다. 아이의 행복을 위해 나부터 행복해지겠다고 용기를 내자. 행복을 위해서도 용기가 필요하다. 행복은 멀리 있지 않다. 바로 내 안에 있다. 내 안에 잠들어 있는 행복을 깨워야 한다. 작은 성공에도 감사함과 만족감을 가져야 한다. 꼭 큰 성공만이 행복을 주는 건 아니다. 지금의 작은 성공이 먼 훗날 큰 성공과 만나 큰 시너지를 낼 것이다. 그리고 커다란 행복으로 찾아올 것이다. 지금부터 내가 진짜 원하는 꿈을 찾아보자. 평생 해도 즐겁고 행복한 그런 일을 찾아야 한다. 생각만 해도 가슴 떨리고, 미소를 짓게 하는 꿈을 꾸어야 한다. 그리고 그것을 이루기 위해 내가 할 수 있는 작은 일부터 실천하자. 이제부터 행복해지겠다고 선포하라. 나의 삶은 내 것이다. 내 삶의 주인으로 행복을 선택하자. 우리는 우리가 행복을 선택한 순간부터 행복해질 수 있다. 하루 24시간 중 나의 꿈을 이루기 위한 시간으로 단 1시간만이라도 온전히 나를 위해 써보자. 그 한 시간의 투자가 나의 꿈을 이루고, 나를 더욱 행복하게 만들어줄 것이다.

06

칭찬하지 말고
고맙다고
말하라

아이를 칭찬하지 말라니? 그게 대체 무슨 소리야? 라고 의아해할 수 있다. 켄 블랜차드의 저서 『칭찬은 고래도 춤추게 한다』는 120만 부가 판매된 베스트셀러이다. 뒤이어 『칭찬은 코끼리도 춤추게 한다』는 책이 나올 정도로 큰 인기를 끌었다. 그만큼 칭찬은 아이뿐만 아니라 성인에게도 강력하게 작용한다. 누구나 칭찬받고 인정받기를 원한다. 이것을 인정 욕구라 한다. 누구나 칭찬받거나 인정받으면 기분이 좋고 우쭐해진다. 나 또한 그렇게 아이를 대해왔다. 그러나 칭찬이 동전의 양면성처럼 장단점을 가지고 있다는 걸 알게 되었다.

나는 아이들에게 칭찬스티커를 한 적이 있다. 처음에 두 아이는 재밌어 하면서 착한 일이나 숙제, 스스로 양치하기 등등 잘해나가고 있었다. 그런데 시간이 지나자 서로 경쟁을 하면서 싸우기 시작했다. 서로 자기가 더 많이 했다면서 스티커를 더 붙여달라고 떼를 쓰기도 하고, 동생보다 착한 일을 많이 못 했다고 분해서 우는 날도 있었다. 아이들을 올바르게 훈육하기 위해 시작한 스티커는 자매의 경쟁심을 부추기고 있었다. 그리고 스티커를 전부 다 붙이고 나서 아이들이 선물을 받았을 때 그동안 너무 힘들었다면서 솔직하게 마음을 털어놓았다. 아이는 선물을 받기 위해 억지로 한 것이다. 그 뒤로 몇 번 더 했지만 아이들은 계속해서 경쟁하고 싸우는 일이 계속 됐다. 나는 그것을 멈출 수밖에 없었다.

아들러의 심리학에서 그는 칭찬에 대해 이렇게 정의했다.

"칭찬하는 것은 엄마가 아이를 자기보다 아래로 보고 무의식중에 상하관계를 만들려는 것이다. 칭찬의 목적은 상대를 조종하기 위한 것이다. 거기에는 감사하는 마음도, 존경하는 마음도 일체 없다."

우리는 무심결에 칭찬하면서 아이를 조종하고 있었다. 아이를 나와 같은 동동한 존재로 보지 않았다. 아이를 칭찬하면 아이의 자존감도 올라가고 아이가 행복해질 것이라 믿었다. 하지만 아이들은 서로 경쟁하고 뒤처지면 좌절하고 실망했다. 아이들은 시간이 지날수록 더 엄마의 칭찬에 목

말라 했다. 아이에게 감사의 마음이나 존경의 마음은 생기지 않았다. 아이들이 빨리 하루의 일과를 마치고 잠이 들기를 바랄 뿐이었다. 그러기 위해 나는 나도 모르게 두 아이를 경쟁하게 만드는 말을 하기도 했다.

"누가 더 양치 잘하나~!"

"누가 더 밥 잘 먹나 봐야겠다!"

"누가, 누가 정리 잘하나~!"

"아침에 일찍 일어난 사람은 칭찬 스티커 2개 붙여줄 거야!"

아이들은 엄마의 이 한마디에 서로를 의식하면서 말을 들었다. 나의 잘못된 방식으로 아이들을 본의 아니게 서로를 경쟁자로 만들었다. 두 살 터울인 자매는 큰아이는 언니로서 동생을 배려하기보다 동생을 질투하고 시기했고, 동생은 언니에게 양보하지 않고 언니를 무조건 이기려고만 했다. 둘은 마치 쌍둥이처럼 서로 아웅다웅 싸우는 날이 많았다. 마치 나의 어린 시절을 보는 듯했다. 나는 쌍둥이로 자라 언니와 많은 것을 나눠야 했고, 엄마가 없었던 우리는 아빠의 사랑을 차지하기 위해 치열하게 싸웠다. 그땐 항상 동생이라는 이유로 모든 걸 언니에게 양보해야 했다. 나는 억울함이 컸다. 지금은 시대가 변했다. 언니가 양보하는 일이 더 많아졌다. 그래야 부모에게 칭찬을 받는다. 큰아이는 늘 억울하고 분해서 동생을 미워했다. 그 모습이 너무 안타까웠다.

그렇게 육아의 원칙에 어려움을 겪고 있을 때 아들러의 심리학은 나를 일깨워주었다. 아들러가 주장하는 바는 내가 그토록 원했던 육아원칙이었다.

아이는 칭찬받기 위해 엄마의 기준에 맞춰 행동할 수밖에 없었다. 자신의 의사나 욕구를 마음대로 표현할 수 없으니 아이의 자존감은 점점 낮아진다. 하지만 고맙다는 감사의 인사는 아이의 행동이 엄마에게 도움이 되었다는 표현이기에 아이는 자신감을 얻게 된다. 인간은 자신이 누군가에게 도움이 되는 존재라는 것을 느낄 때 자신의 가치를 실감한다. 아이는 "잘했어!", "장하다!", "최고다!"라는 칭찬을 들었을 때보다 "고맙다."라는 말을 들을 때 더욱 뿌듯함을 느끼고, 더욱 성장한다. 그리고 자존감도 커진다. 아이를 나보다 아래에 있는 존재로 생각하지 말고 나와 같은 존재로 대해보자. 아이를 존중해주자. 아이를 존중해준다면 그에 맞게 행동한다. 아이를 마냥 어린아이로 대한다면 아이는 20세가 되어도 어린아이처럼 생각하고 행동할 것이다.

이임숙의 저서 『엄마의 말공부』에서 그녀는 아이의 모든 행동에는 긍정적 의도가 있다고 이야기한다. 그녀의 이야기를 들어보자.

"아무 거리낌 없이 거짓말하는 아이는 거의 없다. 거짓말을 하기 전 가습은 콩닥콩닥하고 머릿속은 천사와 악마가 서로 다투느라 정신을 차릴 수가 없다. 그러다 정말 못 견디게 될 때, 더는 참을 수 없을 때, 더 좋은 다른 방법을 알지 못할 때 문제 행동을 선택한다. … 거짓말을 했지만 하지 않으려고 노력했던 순간과 엄마를 실망시키지 않으려는 애틋한 의도가 있었다."

우리는 이때 칭찬을 할 수도 있다. 하지만 이제 감사의 인사가 더 큰 효과 있다는 걸 알았다. 이제 칭찬 대신 고맙다고 말해보자. 아이가 거짓말을 했다고 한다면, 아이의 행동에 엄마를 실망시키지 않으려는 긍정적 의도가 숨어 있다. 이것을 찾아주자. 아이는 감동할 것이다.

"지윤아, 엄마가 속상할까 봐 그런 거구나. 엄마 걱정해줘서 고마워. 지윤이가 어쩔 수 없이 그랬다는 거 알아. 다음에는 거짓말하지 말자."

아이의 긍정적 의도를 엄마가 알아주고 이해해준다면 아이는 자신의 잘못을 본인이 더 잘 알 것이다. 그리고 같은 실수를 되풀이하는 일은 거의 없다.

박혜란의 『믿는 만큼 자라는 아이들』에서 저자는 "아이는 엄마가 키우는 것이 아니라 믿는 만큼 스스로 자라는 신비한 존재다. 부모가 해야 할 일은 끝까지 아이를 믿고 지켜보는 일뿐이다."라고 말한다.

　그녀의 말처럼 아이의 문제 행동에 대해 비난하거나 야단치지 말고 아이가 그럴 수밖에 없었던 아이의 속마음을 알아주고 믿어야 한다. 나의 아이를 믿지 못하고 계속 추궁하고 다그친다면 아이는 점점 자기 자신에 대한 확신이 없어질 것이다. 그리고 모든 일을 할 때 주저하고 두려워하게 된다. 아이를 엄마가 믿어주지 않는다면 다른 그 누구의 믿음과 신뢰도 얻지 못한다. 나 역시 아이를 믿고 지켜본다는 일은 쉽지 않았다. 아이는 그럴수록 자신감이 부족하고 자존감도 낮아졌다. 아이의 자존감을 높이고 자신감이 회복하는 방법은 아이를 믿고 기다리는 일이다. 내가 대신해줄 수 없다. 엄마가 자신을 믿는다는 걸 알게 될 때 아이의 자존감이 높아지고 자신감도 생긴다. 아이는 엄마보다 더 놀라운 잠재력이 있다. 아이를 대할 때 항상 기억하자. 아이를 비난하고 야단치는 건 아이의 잠재력을 하나씩 없애는 일이다. 아이는 엄마의 말과 표정 하나에도 큰 영향을 받는다. 아이에게 잔소리나 부정적인 말을 하고 싶다면 그냥 입을 닫는 편이 낫다. 말에는 힘이 있다.

　차동엽의 『무지개 원리』에 말의 힘에 대한 놀라운 사례가 있다. 밥을 똑같은 두 유리병 속에 넣고 하나의 병에는 '감사합니다'를, 다른 하나에는 '망할 자식'이라는 글을 써 붙여 날마다 읽었다고 한다. 한 달 후 '감사합니다'라고 말한 밥은 발효되어 향기로운 누룩 냄새가 나고 있던 반면 '망할 자식'이라고 말한 밥은 형편없이 부패해 검은색으로 변했다는 것이다. 말의 힘은 이토록 강력하다.

이처럼 사람의 말에 담긴 힘은 미생물에게도 영향을 줄 정도로 강력하다. 하물며 아이에게는 더 큰 영향을 미친다. 어릴 때부터 부모로부터 듣는 말에 따라 아이들의 미래는 달라진다. 엄마가 어떤 말을 하냐에 따라 아이의 사고가 바뀌고 행동도 바뀐다.

아이를 한 인격체로 인정하고 존중해야 한다. 칭찬의 함정에 걸려들지 말자. 칭찬받을수록 아이는 엄마에게 또는 다른 누군가에게 칭찬을 받기 위해 자신의 의사나 욕구가 아닌 다른 누군가의 기준에 맞추며 행동하게 된다. 또는 타인을 적으로 생각하고 끊임없이 이기려고 경쟁하게 된다. 나 또한 이 생각에 동의한다. 칭찬이라는 말이 어쩌면 아이를 옭아매는 족쇄가 될 수 있다. 아이와 엄마는 수직관계가 아닌 수평관계다. 엄마가 아이를 칭찬하거나 야단칠 자격은 없다. 명심하자. 감사의 인사는 아이의 자존감을 높일 수 있는 최고의 방법이다.

07

아이를 항상
일관성으로
대하라

"육아는 도대체 왜 이렇게 힘든 걸까?"

오은영 박사의 『못 참는 아이 욱하는 부모』에서 그녀가 던진 이 물음에 대한 해답을 얻기 위해 많은 엄마들이 매일 공부한다. 나 역시 이 물음에 해답을 찾기 위해 애를 썼다. 어떻게 하면 육아를 힘들지 않게 할 수 있을까? 유명한 육아서를 읽고, 유튜브 영상, 부모교육 강의를 듣기도 했다. 아이와 오늘은 무사히 보낼 수 있게 해달라고 기도한 적도 있었다. 'SBS 〈우리 아이가 달라졌어요〉에 신청해볼까?' 하는 생각까지 들었다. 그 정도로 나는 너무 힘들고 지쳐 있었다. 시간이 지나도 아이는 더욱 떼가 심해지고 문제 행동은 계속됐다. 전문가의 조언대로 하려고 했지만 아이가 달라지지 않자 예전의 방식대로 아이를 대하게 됐다.

전문가들은 말했다. 아이의 입장에서 아이의 감정을 읽어주고, 스스로 잘못을 깨달을 때까지 기다려줘야 한다. 하지만 나는 그때 끝까지 아이를 기다려주지 못했다. 특히 등원 시간과 취침시간에 제일 아이와 많이 부딪혔다. '내일은 일찍 깨워서 꼭 간식도 먹이고 옷도 잘 입혀서 보내야지.' 하고 다짐하지만 아침이 되면 어제와 똑같은 전쟁이 반복된다.

나는 빨리 일어나라고 소리를 지르고, 아이는 유치원에 가기 싫다고 울고, 악을 쓴다. 간식은 먹지도 못하고 그대로 식탁 위에 남아 있다. 아이가 가고 난 후 식탁 위에 있는 간식을 보면 마음이 좋지 않다.

저녁이 되면 아이는 이상하게 쌩쌩해진다. 잠이 안 온다고 아우성을 치고, 평소 갖고 놀지 않았던 장난감을 꺼내기 시작한다. 그런 아이를 억지로 재우는 일은 고통 그 자체였다. '어떻게 하면 아이가 울지 않고 유치원에 가고, 밤에 일찍 잘 수 있을까?' 그것이 나의 최대 고민이자 숙제였다. 그 비밀을 알기까지 8년이 걸렸다. 큰아이는 이제 학교에 갈 시간임을 알고 스스로 옷을 입고 간식도 꺼내서 먹는다. 저녁에도 9시가 되면 알아서 양치질을 하고 침대에 누워 있다가 잠을 잔다. 시간이 약인 건 분명하다. 하지만 시간이 지나도 변하지 않는 아이도 있다. 그건 엄마가 아직 그 비밀을 모르고 있다는 것이다.

우리 가족은 코로나가 터지기 이전에는 외식을 자주 했다. 그때는 아이들이 더 어렸기에 제대로 밥을 먹을 수가 없었다. 그래서 핸드폰을 보여주면서 아이들을 밥을 먹이고, 우리 부부도 편하게 먹었다. 그런 일이 반복되자 외출만 하면 핸드폰을 보여 달라고 떼를 쓰기 시작했다.

어느 날, 집에서 지인이 와서 함께 밥을 먹고 있었다. 지인들과 대화를 나누고 있던 그때, 아이들이 내게 와서 조건을 걸기 시작했다.

"엄마, 우리 심심하니까 TV 보면서 밥 먹을래!"
"밥 먹으면서 TV 보면 안 돼."
"왜? 밖에서 밥 먹을 땐 봐도 되잖아. 근데 왜 집에서는 안 돼?"
"밖에서는 너희가 너무 힘들게 하니까 어쩔 수 없이 보여준 거지!"
"지금 이모들 와서 엄마 정신없잖아. 우리 심심하단 말이야!"

아이는 집요하게 요구했다. 결국 나는 지인과 편하게 이야기를 나누고 식사를 하고 싶은 마음에 아이들에게 TV를 보여주었다. 그 뒤로 아이들은 거리낌 없이 집에 지인이 오고 식사시간이 되면 TV를 보려고 했다. 안 된다고 했지만 계속해서 떼를 썼다. 처음 나의 잘못된 선택으로 아이들에게 나쁜 습관을 갖게 만들었다. 그것을 고치는 데 많은 시간과 노력이 필요했다. 이제 아이는 집에서 식사할 때 TV를 보지 않는다.

요즘은 코로나로 인해 외식을 거의 하지 않기 때문에 밖에서 핸드폰을 보는 일은 드물다. 외식하다 보면 주위에 아이들이 거의 영상을 보면서 밥을 먹고, 부모와 거의 소통하지 않는다. 아이들은 부모와 소통할 기회가 줄고, 결국 대화하는 것 자체가 미숙할 수밖에 없다.

가정은 아이가 처음으로 접하는 사회생활이라고 한다. 가정에서 엄마, 아빠와 관계를 맺어가면서 사회성을 배워나간다. 그리고 난 후 아이가 학교에 가서 선생님과 친구들과 큰 어려움 없이 잘 지내고, 학교생활을 잘해나갈 수 있다. 그러나 지금 아이들은 가정에서 부모와 제대로 관계를 맺지 못하고, 제대로 소통하지 못한다. 그런 아이가 학교라는 사회생활을 잘해내기란 어려운 일이다.

아직 늦지 않았다. 아이가 사회성을 다시 잘 배워나갈 수 있도록 가정에서 사회생활은 연습시키자. 기본적인 상황부터 아이에게 알려주자. 아이가 힘들어하는 부분을 세세하게 설명해야 한다. 아이는 알려주지 않으면 모른다. 당연히 알게 될 거라는 막연한 생각을 버리자. 어떤 상황에서든 아이에게 무엇을 가르쳐야 할지를 고민하자.

큰아이가 학교에서 친구들과의 갈등으로 힘들어하고 있었다. 아이는 속상한 마음을 털어놓았다.

"엄마, 나는 오늘 마음이 엄청 답답한 날이었어."

"무슨 일 있었어? 얘기해봐."

"친구가 내 허락도 없이 내 주머니를 뒤지고, 내 가방도 막 뒤졌어!"

"정말? 하지 말라고 말했어?"

"아니… 그럼 나 싫어할까 봐 말을 못 했어."

"지윤이가 하지 말라고 말하면 친구가 싫어할까 봐 말을 못 했구나. 근데 지윤아, 그런 나쁜 행동을 하는 친구에게는 내 것을 함부로 만지지 말라고 말해야 해. 안 그러면 다른 친구들도 함부로 만지게 될지도 몰라. 그런 말을 한다고 해서 널 싫어하는 친구는 없어."

"원래 그 친구 착한데 오늘은 왜 그랬을까?"

"지윤이 물건이 궁금했을 수도 있고, 지윤이가 착해서 말 잘 안 하니까 그래도 되는 줄 아는 거 아닐까? 그러니까 안 된다고 분명하게 말하고 자기 물건은 스스로 잘 지켜야 돼. 지금부터 지윤이의 마음을 얘기 하는 연습을 해야지 진짜 위험한 상황이 생겼을 때 말할 수 있는 용기가 생겨. 안 그러면 무서운 상황이나 위험한 상황에 말이 안 나오고 얼음이 되어버려. 그럼 어떻게 되겠어? 진짜 위험하겠지? 지금부터 지윤이 마음을 참지 말고 이야기해보자!"

"알겠어. 내일 친구가 또 그러면 꼭 얘기할게."

아이가 학교에서 친구들과의 문제로 힘들어할 때 가장 속상하고 엄마
도 힘들다. 학교에 가서 도와주거나 해결할 수 없다. 아이가 그 상황을
잘 이겨낼 수 있도록 조언하고 용기를 낼 수 있도록 가르쳐줘야 한다. 하
지만 대부분의 부모는 화부터 낸다. 아이를 비난하기도 한다.

아이의 입장에서는 그 일은 최고의 난관이고, 커다란 숙제로 다가온
다. 그 마음을 이해해주자. 아이는 분명 나보다 더 용감하고 잘 이겨내리
라 믿는다. 나는 아이의 최고의 코치이자 멘토이다.

이임숙의 『육아 불변의 원칙』에서 저자는 육아가 힘든 건 육아의 원칙
과 기준이 흔들리기 때문이라고 말한다.

그녀는 수많은 상담을 통해 많은 부모들이 육아가 힘든 이유가 바로
육아의 기본원칙이 흔들리기 때문이라는 것을 알게 되었다고 말했다. '나
에게 어떤 육아 원칙이 있지?', '원칙이라는 게 있긴 했나?'라는 생각에
순간 내가 그 어떤 원칙도 없이 아이를 키웠다는 사실을 알게 됐다. 그동
안 기본원칙이나 기준 없이 이리저리 흔들리며 일관성 없이 아이를 대했
던 것이다.

그러니 육아가 당연히 힘들 수밖에 없었다. 어느 날은 아이의 떼를 받아주고, 어느 날은 절대 안 된다고 아이를 야단치기도 했다. 아이는 무척 혼란스러웠을 것이다.

보통 밖에서는 사람들의 시선에 못 이겨 아이의 요구를 들어주게 되는 경우가 많았다. 많은 부모가 주위 사람들에게 민폐를 끼치고 싶지 않아 어쩔 수없이 아이의 요구를 들어주게 된다. 그걸 아이는 더 잘 알고 있다. 그러기에 막무가내로 떼를 쓴다. 부모가 들어줄 거라는 걸 알기 때문이다. 아이가 떼를 써서 원하는 것을 얻는 데 성공했다면 아이는 다른 모든 상황에서도 떼쓰기로 일관한다.

어느 날 아침, 아이가 늦잠을 자기도 했고 아이가 너무 심하게 유치원에 가기 싫다고 악을 써서 선생님께 전화를 드리고 쉰 적이 있었다. 아이에게 그날 하루만 쉬는 거라고 단단히 일러두었다. 하지만 다음 날이 되자 아이는 다시 하루 더 쉬고 싶다면서 생떼를 부리기 시작했다.

아이에게 유치원은 피곤하면 안 가도 되는 거라는 잘못된 인식을 심어준 것이다. 그 뒤로 아이는 아침마다 유치원에 가기 싫고 집에서 쉬고 싶다며 매일 울고 떼를 썼다. 처음부터 원칙을 세우고 지켜야 했다. 육아의 비밀은 바로 육아 원칙을 세우는 것이다.

나는 그 후 원칙의 중요성을 깨닫고, 원칙을 제대로 세우고 그대로 지키기로 했다.

첫째, 유치원과 학교는 꼭 가야 한다. 열이 나거나 전염병 같은 질병이 생겨서 어쩔 수 없는 상황을 제하고 등교는 반드시 해야 한다. 학생은 학교에 꼭 가야 할 의무가 있다고 정확하게 알려주었다.

둘째, 아무 때나 장난감을 사지 않는다. 생일, 어린이날, 크리스마스에만 선물을 산다. 마트에 가서 떼를 써도 살 수 없다.

셋째, 제자리에서 밥을 먹는다. 아이가 어느 순간 돌아다니면서 놀면서 밥을 먹었다. 일단 아이를 먹이는 게 먼저였기에 나도 모르게 아이의 잘못된 행동이라는 걸 알면서도 허용하고 있었다. 하지만 그건 좋지 않은 습관이었다. 밥 먹는 시간도 길어지고 밥의 중요성을 알지 못했다. 편식을 하고 밥을 잘 먹지 않았다. 그래서 나는 식습관의 원칙을 세우게 됐다.

나는 지금 이 세 가지 원칙을 세우고 그것을 충실하게 지켜나가고 있다. 원칙의 정답은 없다. 나의 가치관과 아이의 성향을 잘 파악하고 세우면 된다. 그것을 기초로 육아 원칙을 세워보자. 그렇다면 주위에 어떤 이

야기에도 흔들리지 않고 육아를 해나갈 수 있다. 육아는 자신만의 원칙

으로 일관성 있게 해나가야 한다. 그것이 육아의 길잡이가 되어 우리를

이끌어줄 것이다.

08

아이와
엄마의 과제를
분리하라

처음 임신 사실을 알게 되고, 태아가 자궁 안에 있을 때 엄마와 태아는 하나이다. 10달 동안 한 몸처럼 모든 걸 함께 느끼고, 함께한다. 그리고 아이가 세상에 나온 그 순간부터 아이와 엄마는 다른 존재가 된다. 하지만 엄마는 아이를 분리해서 생각하지 못한다. 엄마의 모든 신경과 관심은 점점 더 아이에게 집중된다. 그럴 수밖에 없다. 아이는 너무 작고, 여리다. 사랑 그 자체이다. 이렇게 작은 천사를 내가 낳았다는 게 믿어지지 않는다. 그렇게 소중한 아이가 쉴 새 없이 울어대면 엄마는 너무 불안하고 무서워진다. 아이가 어디 아파서 그런 건 아닌지 오만가지 걱정이 밀려온다. 아기가 자신의 욕구를 표현하는 유일한 수단은 울음이다. 큰일이 아니다. 하지만 그땐 아이가 울면 왜 그렇게 무섭고 두려웠는지, 지금 생각하면 그때의 내가 짠하다. 그때의 내가 너무 가엾고 안타까운 마음이 든다. 아이에 대해 왜 그렇게 무지했는지, 엄마는 그냥 낳기만 하면 되는 줄 알았다. '아이에 대해 아무것도 모르면서 왜 그렇게까지 아이를 낳고 싶었을까?'라는 생각도 든다. 나는 좋은 엄마가 될 거라고 자부했다.

나는 나의 친엄마처럼 절대 아이를 떠나지 않을 것이고, 아이와 항상 함께 있다면 좋은 엄마가 되는 거라고 생각을 했다. 하지만 나는 좋은 엄마가 되지 못했다. 아이의 울음이 처음에는 불안과 걱정으로 다가왔지만 점차 분노와 원망으로 변했다. 나는 아이 옆에 항상 있었지만 아이의 마음을 이해하지 못했다. 나의 기준에 맞추려고 아이를 야단치고 다그쳤다. 큰아이가 일곱 살이 되었지만 제대로 한글을 떼지 못했다. 그때 나는 아이를 무섭게 혼내고 가르쳤다. 학교에 들어가기 전에 꼭 한글을 떼고 가야 한다는 나의 욕심으로 아이를 힘들게 만들었다.

나는 여덟 살에 학교에 입학해서 한글을 처음 접했다. 그때 친구들은 거의 한글을 알고 있었다. 그래서 '나머지 공부'라는 걸 한 적이 있었다. 내 아이는 나처럼 되게 하고 싶지 않았다. 큰아이가 학교에 입학하고 얼마 뒤 1학기 상담을 하게 되었다. 그때 선생님께 아이가 한글을 어느 정도 떼서 읽기는 잘하는데 쓰는 건 아직 부족하다고 이야기했더니 선생님께서 아직 한글을 떼지 못한 친구들이 더 많다고 걱정 안 하셔도 된다고 하셨다. 코로나로 인해 유치원을 거의 반년 정도 쉬면서 한글을 못 떼고 입학한 친구들이 많았다. 심지어 작년에 입학한 아이들은 한글을 못 떼고 2학년이 된 아이도 있다고 한다. 그 이야기를 들으니 내가 아이를 너무 심하게 대했다는 생각이 들었다. 괜한 걱정과 조바심이 아이를 또 힘들게 했다.

며칠 전 여름방학이 끝나고 개학했다. 2학기 상담을 하게 되었다.

"선생님, 우리 지윤이가 친구들과 사이가 어떤가요? 수업에도 잘 참여하나요?"

"네, 지윤이가 1학기에는 낯가림이 있어서 저한테 이야기할 때도 목소리도 작아서 잘 안 들려서 제가 가까이 가서 다시 이야기해달라고 하고 그랬는데 2학기 돼서는 목소리도 커지고 오늘도 발표 많이 했어요! 그리고 쉬는 시간에 해솔이랑 단짝이라서 둘이 꽁냥꽁냥 만들기 같은 거 하면 친구들이 와서 같이 놀기도 해요."

"걱정을 많이 했는데 지윤이가 학교생활에 잘 적응한 거 같네요. 지윤이가 발표도 잘한다니 놀랍고 기분이 좋네요. 감사합니다. 선생님!"

"지윤이가 익숙해지는 데 시간이 좀 걸리긴 하는 거 같아요. 근데 딱 적응하니까 저한테도 먼저 와서 말도 걸고, 오늘은 지윤이가 예쁘게 단발로 자르고 왔더라고요. 그래서 지윤이 머리 너무 예쁘다고 했더니 엄마가 염색한 머리는 파마가 안 되고, 그래서 다시 길러서 파마하기로 했다면서 조곤조곤 이야기를 잘하더라고요. 은근 수다쟁이예요."

　나는 상담을 시작하면서 무슨 말을 해야 하나 하고 마음 졸이며 선생님을 뵈었다. 선생님께서 지윤이를 긍정적으로 봐주시고, 좋게 말씀해주셔서 걱정과 달리 무겁지 않고, 유쾌하게 상담을 끝냈다. 상담하는 내내 너무 행복했다. 내가 보는 아이의 모습은 아주 작은 일부였다. 아이는 나와 있을 때와 학교에서 선생님이나 친구들과 있을 때의 모습이 완전히 달랐다. 아이는 더 이상 나와 한 몸이 아니다. 아이는 독립 인격체로 당당히 자기 삶을 살아간다. 그것을 엄마가 깨닫는 데는 상당히 오랜 시간이 걸린다. 엄마가 아이를 독립인격체로 인정하고 존중해준다면 아이는 놀랄 정도로 성장하고 발전할 것이다. 아이는 밤하늘의 별처럼 스스로 자신의 자리를 찾아내고, 자기만의 빛을 내고 환하게 빛난다. 나만 그 빛을 보지 못하고 있었다. 나는 이제 아이를 한걸음 물러서서 내 아이가 내는 유일한 빛을 바라보기로 했다. 그 빛은 내가 대신해서 내줄 수 없다. 이 세상에 내 아이가 단 하나이듯 아이가 내는 빛도 그 누구와도 똑같지 않다. 다른 빛과 비교하고 더 빛내려고 애쓰지 말자. 아이가 내는 빛은 그것만으로도 소중하고 특별하다.

　며칠 전 나는 베스트셀러 작가 파울로 코엘료의 『연금술사』를 읽게 되었다. 워낙 유명한 책인데 나는 이제야 읽게 되었다. 작가의 사상과 생각이 고스란히 전해지는 소설이었다. 소설이었지만 자기계발 지침서처럼 나의 마음을 위로하고 동기부여를 해주었다. 또한 아이를 이해하는 데도 많은 도움을 받았다. 주인공이 꿈을 찾아 떠나는 내용이다. 책에 나온 명언들은 가슴에 와 닿는다.

"삶의 모든 것이 다 표지이다."

"절대로 꿈을 포기하지 말게. 표지를 따라가."

"천지의 모든 일은 이미 기록되어 있다. 우리의 삶과 세상의 역사가 다 같이 신의 커다란 손에 의해 기록되어 있다. 그것을 이해하면 두려움은 단숨에 사라진다."

"만약 내일 내가 죽어야 한다면, 신께서 미래를 바꿀 뜻이 없기 때문이리라."

"사람이 어느 한 가지 일을 소망할 때, 천지간의 모든 것들은 우리가 꿈을 이룰 수 있도록 뜻을 모은다네."

우리는 이제 아이의 엄마, 누군가의 아내가 아닌 나 자신의 꿈을 갖고 나의 길을 찾아야 한다. 나에게도 아직 인생이 남아 있다. 아이의 인생에 나의 남은 인생을 걸지 말자. 신께서 우리에게 주는 표지를 알아차려야 한다. 아이에게 집착하고 자신의 표지를 외면한다면 표지는 떠나고 말

것이다. 표지가 떠나기 전에 기회를 찾아내고 행동해야 한다. '아이 때문에 할 수 없어!', '나는 이제 너무 늦었어.', '내가 할 수 있을까?', '어차피 실패할 텐데.' 등등 수많은 핑계를 대면서 도망치거나 망설이고 있다. 두려움을 떨쳐버려야 한다. 실패해도 상관없다. 계속 도전해야 한다. 아이의 과제를 자신의 과제라고 착각하지 말자. 아이는 아이만의 삶이 있고, 엄마는 엄마의 삶이 있다. 아이는 저마다 꿈이 있고 그에 맞는 재능이 있다. 그 꿈을 따라 아이에게 주어진 표지를 찾아내고 소망을 이룰 것이다. 아이를 엄마의 기준으로 판단하고 꿈을 정해주어서는 안 된다. 아이는 엄마의 소유물이 아니다. 엄마의 생각을 아이에게 강요하고 주입해서 아이의 꿈의 크기를 작게 만들지 말자. 정말 어리석은 행동이다. 하루 빨리 자신의 잘못된 행동을 깨닫고 아이에 대한 집착을 버려야 아이는 아이의 큰 꿈을 꿀 수 있다. 자신의 과제가 무엇인지 알아차리고 지금부터 세상이 나에게 주는 표지를 찾아보자.

성경 말씀 중 누가복음 10장 38절 마르다와 마리아의 이야기는 나의 잘못된 행동과 생각을 일깨워주었다. 함께 읽어보자.

"예수께서 한 마을에 들어가시니 마르다라는 여자가 자기 집으로 영접하더라 그에게 마리아라 하는 동생이 있어 주의 발치에 앉아 그의 말씀을 들으니 마르다는 준비하는 것이 많아 마음이 분주한지라 예수께 나아가 이르되 주여 내 동생이 나를 도와 주라 하소서 주께서 대답하여 이르시되 마르다야 마르다야 네가 많은 일로 염려하고 근심하나 몇 가지만 하든지 혹은 한 가지만이라도 족하니라 마리아는 이 좋은 편을 택하였으니 빼앗기지 아니하리라 하시니라"

나는 이 말씀을 듣고 그동안 내가 중요하지 않은 많은 일을 하면서 염려하고 근심하면서 불평하고 힘들어했다는 걸 알았다. 정작 중요한 일은 하지 못하고 다른 일로 에너지와 시간을 쏟아부었다. 내 삶에 중요한 한 가지가 무엇인지 생각해보자. 중요하지 않은 일을 하면서 시간이 없다고, 힘들다고 불평하면서 시간과 에너지를 낭비하는 일은 이제 멈추어야 한다. 이제부터 나에게 가장 좋은 편을 택해서 행복하고 좋은 시간을 보내자. 우리의 시간은 금보다 귀하다. 이제 나의 남은 인생을 어떻게 하면 행복하고 즐겁게 보낼 수 있을지 생각하자. 우리의 인생은 무엇보다 귀하고 소중하다. 나는 작가로서 글을 쓰는 일이 나에게 더없이 행복하고 즐겁다. 당신도 행복한 일로 앞으로의 시간을 채워보자. 평생 해도 즐거운 일, 그것이 행복이다. 엄마의 과제를 즐겁게 해나간다면 아이들도 자신의 과제를 즐거운 마음으로 받아들일 것이다.

예전에 나는 아이에게 학습지를 강압적으로 시켰다. 아이는 하지 않으려고 계속 도망을 다녔다. 억지로 시키는 나도 힘들고 스트레스가 심했다. 하지만 이제 아이와 몇 시에 숙제를 할 것인지 시간을 정하고, 그 시간이 되면 바로 할 수 있게 준비해놓는다. 그리고 나는 더 이상 개입하지 않았다. 약속한 시간이 되자 아이가 스스로 책상에 앉아서 학습지를 하기 시작했다. 정말 놀라운 변화이다.

"말을 물가에 데려갈 수는 있지만 물을 마시게 할 수는 없다."라는 말이 있다. 아이를 물가로 데려가는 것, 딱 거기까지가 엄마가 해야 할 과제이다. 억지로 아이에게 물을 먹일 수 없다. 물을 먹여주는 건 엄마가 할 일이 아니다. 목이 마르지 않은 아이에게 억지로 물을 마시게 하려고 아등바등 애쓰지 말자. 엄마도 아이도 모두 힘든 일이다. 엄마가 아이를 믿고 기다려준다면 아이는 스스로 물을 마시게 될 것이다. 그리고 아이는 물의 소중함과 중요성을 깨닫게 되고 엄마의 도움 없이도 혼자 물가를 찾게 될 것이다. 이것이 엄마의 과제임을 명심하자.

4
장

나와 아이를
위한 슬기로운
육아 독서법

01

엄마의 부정적인
감정에서 벗어나는
하루 10분 독서

나는 20세 이후부터 책을 좋아했다. 자기계발에 관심이 많았다. 서점에 가서 책을 보는 것이 재밌고 행복했다. 그 당시 나는 역삼역 근처에서 일했다. 오후 출근이었던 나는 항상 1시간 정도 일찍 나가서 잠실역 지하상가에 위치한 교보문고에서 시간을 보냈다. 지금 생각해 보면 그때 그렇게 책을 통해 부정적인 감정을 정화했던 것 같다. 그렇게 해서 힘든 메이크업 일을 6년 넘게 하며 버틴 것이다. 책을 보면 마음이 편안해지고 내 마음이 깨끗해지는 걸 느꼈다. 한 달에 한 권씩 제목과 목차를 꼼꼼히 보고 함께 일하는 직원에게 선물하기도 했다. 조언이나 덕담 대신 책이 더 좋을 것 같았다. 나는 그 정도로 책을 좋아하고 믿었다. 그리고 나는 책을 사서 모으는 취미도 갖게 되었다. 그래서 우리 집에는 도서관을 방

붙게 할 정도로 나의 책도 많고 아이들 책도 많다. 아이가 태어나고부터는 육아 관련 책들을 주로 많이 샀다. 아이에 대해 전혀 알지 못했던 나는 책에 의존할 수밖에 없었다. 하지만 육아지침서를 보고 조언대로 했지만 시간이 지나자 다시 또 제자리였다. 아이는 또다시 떼를 쓰고, 나는 야단치고 혼내기를 반복했다. 나는 부정적인 감정에서 벗어날 수 없었다. 내가 지금 힘들고 우울한 건 아이 때문이 아니라는 걸 알았다. 나의 감정을 제대로 조절하지 못한 상태에서 육아지침서를 본다는 건 아무런 소용이 없는 일이었다.

나는 어릴 때부터 낮은 자존감으로 부정적인 생각과 감정을 많이 느끼며 자랐다. 억압되었던 나의 감정들은 아이를 낳은 후에 더 강해졌다. 어디에도 나의 감정을 풀 수도 없고, 어떻게 그 감정을 표출해서 없애야 하는지 알 길이 없었다. 가슴은 점점 답답하고 나 자신은 점점 무너져갔다. 시간이 지나도 점점 강해지는 부정적인 감정에서 벗어날 방도를 찾지 못했다. 나는 모든 순간을 다 불행하게 받아들였다. 아이가 예민한 것, 말이 느린 것, 떼를 쓰는 것, 낯가리는 것 등, 아이에 대한 것 중에 부정적인 일들에만 집중하고 그것만 생각했다. 분명 아이가 잘하는 것, 예쁜 행동, 좋은 일도 있었다. 하지만 그런 일은 쉽게 잊어버리고 안 좋은 사건이나 기분 나쁜 일만 생각하게 되었다. 긍정적인 생각이 행복의 시작이라는 걸 그때는 알지 못했다. 그렇게 불행하게 하루하루를 보내던 나는 나와 아이를 위해서는 억압되어 있는 나의 부정적인 감정을 치유하는 마음공부가 필요하다는 걸 깨달았다. 부정적인 감정에서 벗어나기 위해서 나에게 필요한 것은 바로 마음 독서였다. 그동안 육아로 하지 못했던 나를 위한 독서를 다시 시작하기로 했다. 처음부터 욕심내지 않고 하루 10분만 읽어보기로 결심했다. 책은 여러 권 많이 읽는다고 해서 좋은 것이 아니라 좋은 책 한 권을 골라서 반복해서 읽는 것이 더 좋다는 걸 알았다. 그리고 그 책의 핵심을 나의 무의식에 새겨넣어야 한다. 그것이 진짜 책 읽기인 것이다.

책 읽기에도 방법이 있고, 종류가 있다는 걸 이번에 독서를 다시 시작하고 알았다. 그동안 막연하게 책을 읽어왔다. 많은 페이지를 읽어야 많은 걸 느끼고 깨달음을 얻는 것으로 생각했다. 그래서 속독으로 빨리 읽으려고 했다. 하지만 시간이 지나면 내가 읽은 내용이 전혀 생각이 나지 않고 처음 읽은 것처럼 생소했다. 단 한 페이지라도 마음에 새기면서 좋은 문장은 밑줄도 긋고 필사를 하면서 내 것으로 만들어야 감정이 정화되고 마음공부가 된다.

영국의 유명한 소설가 윌리엄 서머셋 모음은 "내가 책을 읽을 때 눈으로만 읽는 것 같지만 가끔씩 나에게 의미가 있는 대목, 어쩌면 한 구절이라도 우연히 발견하면 책은 나의 일부가 된다."고 말했다. 그 말처럼 책을 읽다가 나에게 의미를 주는 한 구절을 발견하고 내 것으로 만든다면 그것이 바로 진짜 책 읽기다. 어렵지 않다. 책이 나의 삶의 일부가 되게 하자. 하루 24시간 중 단 10분이면 충분하다. 책 한 권을 골랐다고 해서 그 책을 끝까지 다 읽을 필요는 없다. 책장에서 그날 내 마음이 가는 책을 골라서 목차를 보고 마음에 와닿는 페이지를 읽으면 된다.

나는 최근 20대에 읽었던 책들을 다시 읽고 있다. 그 당시에 읽고 많은 도움을 받았겠지만 내용이 전혀 기억나지 않고 새 책을 읽는 기분이다. 책은 밑줄이나 메모 없이 아주 깨끗하다. 예전에 나는 책을 깨끗하게 보려고 했다. 중요한 대목이나 좋은 구절이 있으면 따로 다이어리에 메모해놓곤 했다. 책을 소중하게 아꼈다. 그것이 잘못된 방법이라는 걸 이제 깨달았다. 열심히 책을 읽었지만 책은 나의 일부가 되지 못했다. 20세 때부터 제대로 책 읽기를 배워서 독서를 했다면 지금 나의 삶은 좀 더 나아졌으리라는 생각이 든다. 나의 아이들에게는 독서하는 법을 알려줄 수 있어서 다행이다.

육아로 힘들어서 우울증으로 힘들 때 TV를 많이 보고, 넷플릭스로 영화를 매일 보기도 했다. 하지만 증상은 나아지지 않았다. 전혀 도움이 되지 못했다. TV채널을 돌리다 보면 홈쇼핑이 많이 나왔다. 나는 홈쇼핑을 보면서 자꾸만 사고 싶은 충동이 생겼다. 꼭 필요한 물건처럼 느껴졌다. 주문하고 후회하는 날이 많았다. 월말에 카드 청구서를 보고 좌절했다. 다신 홈쇼핑으로 사지 않겠다고 다짐하고 다시 또 무엇에 홀린 것처럼 홈쇼핑을 보고 있었다. 쇼핑 중독이었다. 그리고서 보게 된 것이 넷플릭스였다. 많은 영화와 드라마들이 가득했다. 매일 아이들이 등교하고 나는 집안일도 뒤로하고 지난 드라마들을 몰아서 한꺼번에 보곤 했다. 하루가 금방 가버렸다. 금세 아이들이 하교하고 나는 피곤해져서 아이들에게 집중하지 못했다. 아이들이 잠들면 드라마를 보려고 일어났다. 나에게 도움도 되지 않는 드라마나 영화를 보면서 아까운 시간을 낭비하고 있었다. 드라마나 영화의 남자 주인공을 보고 남편과 비교했다. 헤어스타일을 바꿔보라고 하기도 하고 다이어트를 강제적으로 하게 해서 남편을 힘들게 했다. 지금 생각해보면 참 어리석은 행동이었다. 잘 참아 준 남편에게 고맙다.

이제 나는 TV와 넷플릭스를 거의 보지 않는다. 그것은 나의 부정적인 감정을 벗어날 수 있게 해주는 방법이 되지 못했다. 더 나를 아프게 했다. 물론 그 매체를 통해 힐링이 되고 행복을 느끼는 사람도 있다. 하지만 나와는 맞지 않았다. 시간 조절에 실패하고 너무 빠져들었다. 시간과 돈, 나의 모든 에너지를 빼앗기는 기분이 들었다. 시간을 잘 활용해야 내가 성장할 수 있고 나의 부정적인 감정을 긍정적인 감정으로 바꿀 수 있다는 걸 알았다. 나는 이제 홈쇼핑대신 온라인 서점을 본다. 나의 마음을 치유해줄 수 있는 책을 고를 때 너무 행복하다. 책은 나를 살게 해주고 나의 마음을 보듬어준다. 나의 삶은 가치 있고 행복해질 수 있다는 걸 깨닫게 해준다.

책을 읽게 되면 많은 생각과 상상을 하게 된다. 내가 알지 못했던 세상에 눈뜨게 해준다. 책을 읽다가 마음에 와닿은 대목이 있으면 잠시 멈추고 나는 명상에 잠긴다. 그 시간에 나의 내면은 치유되고 성장한다. 책이 가지고 있는 최고의 장점이자 매력이다. 대부분의 사람들은 책의 매력을 알지 못한다. 심지어 나의 남편도 책을 좋아하지 않는다. 내가 책을 읽고 책을 사는 것도 이해하지 못한다. 남편에게 도움이 될 만한 책을 추천해주지만 읽지 않겠다고 거절한다. 답답한 노릇이다. 나의 이 책이 출간되면 읽을 것이라 기대해본다.

많은 사람들이 하루의 절반을 스마트 폰을 보며 지낸다. 쓸데없는 기사와 뉴스를 보며 걱정하고 불안을 느낀다. 또는 SNS를 보며 타인의 삶을 부러워하고, 타인의 삶을 궁금해한다. 그리고 자신과 비교하며 끝없이 부정적인 감정을 느끼고 불행해한다. 나 또한 그런 시간이 있었다. 그렇게 남들과 비교하며 왜 내 인생을 달라지지 않는지 원망하고 한탄했다. 그럴수록 내 삶은 고단하고 팍팍해졌다. 아이들도, 남편도, 나 자신까지도 모두 다 마음에 들지 않았다. 그때 나를 구해준 건 바로 책이었다. 나는 한동안 멀리했던 책을 다시 읽기 시작하면서 달라지기 시작했다. 나도 모르게 부정적으로 생각하고 말하던 내가 이제 모든 상황에서 긍정적인 것을 찾으려고 노력하게 됐다. 어느 순간 부정적인 감정이 생겨도 그것을 인지하고 긍정적으로 바꿔서 생각하려고 했다. 그런 노력을 반복하자 마음이 편안해지는 걸 느꼈다. 내 감정이 내 삶을 결정한다는 것을 깨달았다. 하루 10분 독서의 힘은 강력하다. 일단 시작해보자. 내가 갖고 있는 책 중에 내 시선이 꽂히는 책을 골라보자. 혹 마음에 와닿는 책이 없다면 서점으로 달려가자. 첫 책은 온라인 서점보다 오프라인 서점에 가서 몸으로 느껴보고 충분히 목차를 살펴보고 고르는 게 좋다. 그리고 그 책을 통해 나는 달라지겠다고 다짐하라. 빨리 읽겠다는 생각은 버려야 한다. 천천히 마음속에 새기는 마음으로 읽어보자.

내가 추천하고 싶은 책은 기시미 이치로. 고가 후미타케의 『미움 받을 용기』, 고이케 히로시의 『2억 빚을 진 내게 우주님이 가르쳐준 운이 풀리는 말버릇』, 론다 번의 『더 시크릿 』, 이서윤, 홍주연의 『더 해빙』이다. 나는 이 책들을 읽고 크게 위로받고, 나의 부정적인 사고방식을 바꾸는 데 큰 도움을 받았다.

지금 나의 삶은 과거의 내가 스스로 만들어낸 결과물이다. 나의 생각과 감정, 내가 평소에 하는 말이 지금의 나를 만든 것이라고 책들은 하나

같이 이야기한다. 놀라운 반전이고, 신비로운 우주의 법칙이다. 우주의 법칙을 알게 된 지금 나는 행복하고 하루하루가 즐겁고 궁금하다. 앞으로 5년 뒤, 10년 뒤 나의 삶이 어떻게 변하게 될지는 지금 내가 무슨 생각을 하고, 어떤 감정을 느끼고, 어떤 말을 하느냐에 따라 달라진다는 말이다. 너무 쉽고 간단하지 않은가? 늦지 않았다. 인생은 아직 끝나지 않았다. 지금부터 우린 행복해질 수 있다. 나의 책이 당신의 삶에 조금이나마 도움이 되고 위로가 되길 바라면서 나는 글을 쓰고 있다. 이 책에 담긴 나의 이야기가 당신에게 공감을 불러일으키고, 나의 조언이 당신에게 큰 힘이 될 수 있기를 바란다.

02

책을 읽으며
느끼는 감정을 바로
책의 여백에 써라

똑같은 책을 읽어도 사람마다 느끼는 감정은 다르다. 나는 책을 두 번 이상 읽지 않았다. 세상에 나와 있는 수많은 책을 읽기도 시간이 부족한 데 같은 책을 두 번 읽는 것은 시간 낭비라고 생각했다. 하지만 책을 한 번 읽었을 때와 두 번, 세 번 읽을 때의 느낌이 다르다는 걸 최근에 알았다. 처음 책을 읽으면서 여백에 남겨놓은 글을 책을 두 번째 읽을 때 그 글과 함께 읽게 된다. 그 느낌은 처음과 전혀 다른 감동과 여운을 남긴다. 마치 공동저자가 된 기분이 든다. 물론 처음엔 쉽지 않다. 나 역시 처음엔 내가 느끼는 감정을 글로 표현하는 게 쉽지 않았다. 항상 눈으로만 책을 읽어왔던 나에게 책에 나의 생각을 쓴다는 것 자체가 충격이었다. 사실 그 말을 듣고 새 책을 헌책으로 만드는 기분이 들어서 찜찜한 마음도 있었다. 책에 대한 이상한 강박증이 있었다. 나는 강박증을 이겨내고 책의 여백에 나의 생각을 쓰기 시작했다. 처음엔 한 줄, 두 줄 정도 썼다. 시간이 흐르자 한 페이지를 빼꼭히 쓰게 됐다. 나의 생각을 쓰고 나중에는 나의 목표와 확언까지 썼다. 전혀 어색하거나 힘들지 않았다. 글로 나를 표현하는 것이 편하고 자연스러워졌다.

대부분의 사람들이 자신의 감정을 솔직하게 드러내는 것을 어려워하면서도 늘 습관처럼 불만을 표출하기도 한다. 부정적인 감정을 누군가에 말하고 하소연해봤자 변하는 건 없다. 상대방 역시 지치고 말 것이다. 나의 마음을 전부 다 받아주고 들어줄 사람은 없다. 나의 부정적인 감정을 타인이 매번 이해하고 위로해줄 수 없다. 나 스스로 나의 감정을 알아차리고 부정적인 감정을 긍정적인 감정으로 정화할 수 있어야 한다. 그것이 바로 글 쓰기이다. 책을 읽다가 물론 좋은 아이디어나 감정을 느끼기도 하겠지만 부정적인 생각이나 나쁜 일이 떠오르기도 할 것이다. 무엇이든 상관없다. 책을 읽다가 내가 느끼는 것을 솔직하게 쓰면 된다. 그렇게 자신의 감정을 글로 표현하게 되면 마음이 편안해지고 자신의 사고가 긍정적으로 바뀌게 되는 걸 느끼게 될 것이다.

예전에 나는 지인이나 친구들을 만나면 안 좋은 이야기나 힘든 일을 이야기하면서 나를 불쌍한 사람으로 만들었다. 어느 날 나의 이야기를 들은 친언니가 나를 걱정하느라 밤새 잠도 자지 못했다는 말을 들었다. 그 말을 듣고 나는 언니에게 너무 미안했다. 마음이 약한 언니에게 나의 부정적인 감정이 고스란히 전염된 것이다. 나는 그 후로 부정적인 감정을 글로 표현하는 습관이 생겼다. 모든 감정은 전염이 된다. 부정적인 감정을 타인에게 전염시키는 전파자가 되지 말자. 부정적인 에너지를 책을 통해 긍정적 에너지로 바꿔보자. 나의 부정적인 감정은 책을 보면서 긍정적인 감정으로 정화되고 그 과정을 통해 나는 깨달음을 얻게 된다. 그것을 바로 책의 여백에 활용하자.

독서법에 대해 잘 모를 때는 책에 밑줄을 긋거나 메모를 하기보다는 따로 다이어리에 썼다. 명언이나 중요한 부분을 옮겨 적어놓았다. 내 느낌을 쓴 적은 거의 없었다. 나의 생각이 가장 중요하다는 걸 그땐 알지 못했다. 그래서 책을 읽은 후에도 내용이 전혀 생각이 나지 않거나 내 생활에 적용하는 것이 어려웠다.

돌이켜보면 나는 고등학교 때 시험 때 벼락치기로 공부하는 타입이었다. 문제집이나 예상 문제에 밑줄을 수없이 치고 동그라미를 그리며 반복적으로 외웠다. 마치 나의 뇌에 각인시키듯이 반복해서 공부했다. 나는 평소 공부에 관심이 없었지만 그렇게 벼락치기를 해서 시험을 잘 봤다.

책도 그런 원리다. 책을 읽다가 밑줄을 치고 메모하면서 나의 뇌에 각인시키는 작업을 해야 진짜 책 읽기가 된다는 걸 이제야 깨닫는다. 눈과 손이 움직여야 더 기억에 오래 남는다. 단 하나의 문장이라도 내 것으로 만들어서 내 삶에 적용해야 진정한 자기계발이다.

나는 며칠 전에 20대에 읽었던 론다 번의 『더 시크릿』이라는 책을 다시 보게 되었다. 처음 읽는 책처럼 너무도 깨끗했다. 내용 역시 처음 읽는 듯 빠져들었다. 나는 책을 읽는 중간중간 글을 쓰고 좋은 대목에 밑줄도 그었다. 또한 포스트잇을 붙여서 다시 볼 때 필요한 부분만 읽을 수 있도록 표시해놓았다. 원고를 쓸 때 사례 찾기 할 때 아주 유용했다.

또한 그 안에 내가 써넣은 나의 메모도 큰 도움을 주었다. 그 당시에 내가 느낀 감정이 고스란히 느껴졌다. 책을 읽으면서 느끼는 감정이나 생각을 따로 다이어리나 메모장에 썼다면 아마 다시 찾아보기도 힘들었을 것이다. 나는 수시로 이 책을 꺼내 읽어보고 마음을 정화한다.

박상배의 『인생의 차이를 만드는 독서법 본 깨 적』은 독서법에 대해 세세하게 알려준다. 나도 이 책을 통해서 독서에도 방법이 있다는 걸 알았다. 그는 책에서 본 것, 깨달은 것, 적용할 것, 세 가지를 합쳐서 '본깨적'이라고 불렀다. 또한 그는 이렇게 말했다.

"좋은 생각이나 아이디어는 종종 혜성처럼 나타났다 순식간에 사라지는 경우가 많다. 떠오르는 즉시 메모해두지 않으면 영원히 놓칠 수도 있다."

그렇다. 인간의 기억력은 그리 길지 않다. 적어놓지 않으면 잊어버리게 된다. 순간 떠오르는 생각이나 아이디어를 메모하지 않아서 후회한 적이 있을 것이다. 메모하는 습관을 들여야 한다.

일단 글 쓰는 것이 어렵다면 필사 책을 권해본다. 유명인의 명언이나 좋은 글귀가 적혀 있다. 반대쪽 페이지에 똑같이 따라 쓰는 것이다. 나는 이 작업을 통해 마음에 안정을 찾기도 했다. 또한 글쓰기에 대한 두려움도 사라졌다. 그동안 글을 많이 쓰지 않아서 필체가 좋지 않았다. 이 작업을 통해 천천히 생각하면서 글을 쓰게 되고 필체가 많이 좋아졌다. 한 자 한 자 정성을 들여서 쓰고 나면 뿌듯함도 든다.

박혜란의 『아이와 엄마가 함께 행복해지는 마음 필사 엄마공부』는 필사하기 정말 좋은 책이다. 나는 이 책의 첫 페이지에 있는 시를 따라 쓰면서 많은 깨달음과 육아원칙을 배웠다.

시인 고정희의 다섯 번째 시집 『눈물꽃』에 수록된 시이다. 함께 읽고 마음에 새겨보자.

〈우리들의 아기는 살아 있는 기도라네〉 - 고정희

…

보시오
그리움의 태(胎)에서 미래의 아기들이 태어나네
그들은 자라서 무엇이 될까
아기들은 우리의 살아있는 기도라네
딸과 아들로 어우러진 아기들이여
우리 아기에게
해가 되라 하게 해로 솟을 것이네
별이 되라 하게 별로 빛날 것이네
우리 아기에게
희망이 되라 하게 희망으로 떠오를 것이네
그러나 우리 아기에게
폭군이 되라 하면 폭군이 되고
인형이 되라 하면 인형이 되고
절망이 되라 하면 절망 될 것이네
아기는 우리들의 믿음대로 자란다네

그녀는 시를 통해 이 세상의 부모들에게 아이에게는 부모의 믿음이 중요하다고 짧고 강하게 말했다. 이 시를 읽고 나는 아이에게 무엇이 되라고 했는지 곰곰이 생각하게 되었다. 아이에 대한 믿음이 너무도 부족했다는 걸 알게 됐다. 아이에게 해와 희망이 되길 바라면서 정작 아이에게 인형이 되고 절망이 되라고 말하고 있었다. 나는 필사를 통해 지난 나의 과오를 반성하면서 앞으로 아이를 대할 때의 자세를 다시 한번 더 생각하게 되었다. 더 늦기 전에 책을 통해 나의 잘못을 깨닫고 믿음으로 아이를 키워나갈 수 있게 되어 감사할 따름이다.

우리는 플러스인 긍정적 감정과 마이너스인 부정적 감정이 생긴다. 마이너스를 몰아내고 플러스를 강화하기 위한 나만의 방법을 찾아내야 한다. 마이너스 감정을 몰아내야 플러스 감정을 집어넣을 수 있다. 그 방법으로 가장 좋은 건 바로 책을 읽고 그때 생기는 감정을 메모하는 것이다. 대부분의 사람들은 부정적인 감정을 마음 깊은 곳에 억눌러놓기만 한다. 이제 밖으로 드러내야 한다. 꼭 말을 해야 되는 건 아니다. 그보다 더 좋은 건 바로 글을 써서 나의 마음과 대면하는 것이다. 글을 써서 마주할 때 관찰자로 조금 더 편안하게 그 마음을 바라볼 수 있게 된다. 그리고 나면 마음이 후련하고 깨끗해지는 것이 느껴진다.

작은 메모에서 시작한 글쓰기가 이제는 나의 책을 쓰기에 이르렀다. 처음엔 어떻게 써야 할지 막막했지만 이제는 글쓰기가 나의 일상이고.

삶의 일부가 되었다. 글을 쓰고 있는 지금 나는 엄마로서 한 인간으로서 매일 성장한다. 독서를 통해 공부의 끈을 놓지 않고 새로운 꿈을 꾸고 작가로서 내 책을 집필하고 있다. 나의 책을 읽고 있는 당신도 얼마든지 새로운 꿈을 꿀 수 있다. 책을 읽고 나의 감정을 단 한 줄이라도 써보는 노력을 해보자. 삶이 점점 즐거워질 것이다.

03

하루 10분만 읽어주면
아이도 엄마도
행복해진다

매일 10분 투자해서 아이와 엄마가 행복해질 수 있는 방법이 무엇이 있을까? 바로 책 읽어주기이다. 보통 아이가 한글을 읽기 시작하면 엄마들은 책 읽어주기를 멈춘다. 아이 혼자 스스로 읽기를 바란다. 아이는 늘 엄마와 함께하고 싶어 한다. 하지만 아이의 그 순수한 마음을 알아차리지 못하고 징징거리고 떼를 쓴다고 생각한다. 큰아이는 이제 글을 제법 잘 읽는다. 그래서 나는 둘째 아이만 책을 읽어주고 있었다. 그때 큰아이가 읽던 책을 들고 와서 말했다.

"엄마, 나도 책 읽어줘!"

"지윤아, 엄마 너무 피곤해. 지윤이는 이제 글씨 다 읽을 수 있잖아. 지윤이가 혼자 읽어."

"싫어! 난 엄마가 읽어주는 게 좋단 말이야!"

"엄마 힘들다고 했잖아. 왜 그래, 진짜!!!"

"왜 지아만 읽어주는데? 나도 읽어줘!"

"지아는 아직 글씨를 못 읽으니까 읽어주는 거야."

"엄마는 지아만 좋아하는 거 같아."

"그런 거 아니야, 지윤아."

아이는 그렇게 한참을 울었다. 큰아이는 아주 작은 것에도 서운해 하고 동생에게 질투했다. 아이의 의사를 물어보지도 않고 나의 마음대로 아이의 작은 행복을 빼앗았다.

아이는 엄마가 책을 읽어줄 때 행복을 느끼고 엄마의 사랑을 느꼈다. 그런데 글씨를 읽을 줄 안다고 해서 혼자 읽어도 된다고 엄마 혼자 판단하고 결론지었다. 이렇듯 나 혼자 독단적으로 결정하고 아이에게 지시하는 게 습관이 돼버렸다. 아이에게 큰 상처를 준 거 같아서 너무 미안했다. 그 후 나는 아이가 스스로 혼자 읽어보겠다고 말하기 전까지 책을 읽어주자고 다짐했다.

하루의 10분, 책을 읽어주기 좋은 시간은 언제일까? 바로 저녁 식사 후이다. 그 시간이 엄마도 아이도 제일 편안하고 안정된 시간이다. 보통 많은 엄마들이 잠들기 바로 직전에 책을 읽어준다. 나도 처음에 그랬다. 자야할 때는 일단 불을 꺼야 한다. 하지만 책을 읽으려면 불을 켜야 한다. 아이는 잠이 깨버리고 만다. 잠이 깬 아이는 책을 한 권으로 만족하지 못한다. 한 권에서 두 권, 세 권…. 계속 읽고 싶어 한다. 그럼 아이와 본의 아니게 싸움이 일어나고 감정이 상한다.

책을 읽고 난 후 행복감은 없어지고 눈물로 끝이 나는 날이 많았다.

"오늘 읽을 책 골랐어?"

"응, 엄마!"

"이거 딱 한 권만 읽고 자는 거야! 떼쓰면 내일부터 책 안 읽어줄 거야!"

나는 어느 순간 책을 읽어주기 전에 이렇게 아이에게 협박 아닌 협박을 하고 있었다. 그 누구도 행복하지 못한 책 읽기를 하고 있었다. 나는 좀 더 편안한 마음으로 여유를 갖고 책을 읽어줄 시간을 다시 정하기로 했다. 그리고 침대가 아닌 거실에서 책을 읽어주게 되었다. 이제 아이가 읽고 싶은 만큼 원 없이 읽어줄 수 있었다. 아이도 엄마도 모두 만족스러운 책 읽기가 되었다. 꼭 잠들기 전에 침대에서 책을 읽어줘야 한다는 생각을 버리자.

　나는 며칠 전부터 책 읽어주기를 동화책에서 영어책으로 바꿨다. 예전부터 영어를 잘하고 싶었다. 그래서 아이들에게 유아영어를 들려주면서 나도 영어공부를 해보기로 결심했다. 영어책과 함께 음원도 있는 교재다. ㈜한솔교육의 『핀덴 베베』라는 책이다. 한글과 영어 두 가지 버전이 있다. 둘째 아이가 돌 무렵 됐을 때 구입한 전집이다. 커서 영어로도 꼭 읽어주려고 영어책도 구매했다. 아이가 여섯 살이 된 지금 영어를 시작하게 됐다. 큰아이 때는 책을 많이 읽어주지 못했다. 둘째는 이 책을 수시로 읽어주고 CD를 들려주었더니 확실히 말도 빨리 하고 표현력도 좋았다. 영어를 시작한 지 얼마 되지 않았지만 아이들이 거부감 없이 잘 듣고 있다. 또한 내가 영어공부를 하기 위해 따로 노트에 영어를 쓰기 시작했다. 영어를 말하면서 쓰고 있는데 큰아이가 나를 보더니 말했다.

　"엄마, 나도 영어 써볼까?"
　"정말? 지윤이도 같이 영어 써볼래?"
　"응. 재밌을 거 같아. 내일부터 쓸게."

　나는 아이의 말에 정말 깜짝 놀랐다. 아이에게 영어를 쓰라고 강요를 하지도 않았고 그 어떤 말도 한 적이 없다. 아이가 엄마의 행동을 보고 스스로 해보고 싶다고 먼저 말했다. 아이는 아직 영어 알파벳을 써본 적이 없다. 그런데 엄마가 재밌고 즐겁게 하는 걸 보고 영어가 재밌어 보인 것이다. 나는 그 순간 깨달았다. 아이는 지금 엄마가 하는 일이 즐거운 일인지 아니면 억지로 하는 일인지 아는 것이다. 나는 영어를 진심으로 하고 있다. 아이를 가르치기 위해서가 아니라 내가 영어의 달인이 되겠다는 마음으로 공부하고 있다.

아이들의 책을 보면 다시 동심으로 돌아간 듯 즐겁고 그때의 순수함이 살아난다. 나는 어릴 때 동화책을 제대로 본 적이 없다. 집에 책이 거의 없었다. 학교 도서관이나 교회에서 책을 보았던 것 같다. 집에 어린이 동화책은 없었다. 아빠나 할머니께서 나에게 책을 읽어주신 기억은 나지 않는다. 그 당시에 나는 의식주만 충족되었다. 정서적인 교감이나 사랑은 받지 못했다. 그래서 지금 아이에게 내가 어떻게 책을 읽어줘야 하는지 사실 잘 알지 못했다. 아이에게 해주고 싶은 건 많은데 의욕만 앞섰다. 그래서 처음에는 책을 읽어주는 일이 순탄치 않았다. 울고 떼 쓰고 화내고 악 쓰고…. 중간에 책 읽어주기를 포기할까도 생각했다. 하지만 나는 책이 주는 즐거움, 감동, 교훈, 새로운 세상을 포기할 수 없었다.

책은 아이에게 절대 필요한 것 중 하나다. 아이가 어릴 때 그걸 알게 해줘야 커서도 책을 손에서 놓지 않는다. 나는 스무 살이 되어서 뒤늦게 책을 읽게 되었지만 제대로 된 독서를 하지 못했다. 그리고 마흔을 앞둔 이 제야 비로소 책에 눈 뜨게 되었다. '오늘은 어떤 책을 읽어볼까?' 매일 행복한 고민을 한다. 아이에게도 책이 주는 이 행복을 알려주고 싶다. 그러기 위해 오늘도 하루 10분 책 읽어주기는 계속 진행 중이다. 나는 아이가 원한다면 언제라도 함께할 것이다.

어느 날 전래동화 『은혜 갚은 까치』를 읽어주었다. 책을 읽으면서 나도 모르게 동화에 빠져들었다. 내가 아이가 된 것처럼 동화가 재밌었다. 어릴 때 읽은 적이 있긴 한데 잘 기억나지 않았다. 마지막 부분에서 까치가 선비에게 은혜를 갚기 위해 큰 종을 머리로 쳐서 죽는다. 그 부분에서 나는 울컥했다. 구렁이로부터 새끼를 구해준 선비를 위해 은혜를 갚은 어미까치의 행동이 짠하게 느껴졌다. 물론 지어낸 이야기지만 가슴에 와닿았다. 나는 아이에게 동화책을 읽어주면서 힐링이 되는 걸 느꼈다. 그 뒤로 아이의 동화책이 더욱 재밌어졌다. 어릴 때 읽어보지 못했던 아동도서가 많다. 문득 아이에게 엄마에게 책을 읽어줄 수 있는지 물었다.

"지윤아, 엄마는 어릴 때 외할아버지, 외할머니가 많이 바쁘셔서 책을 읽어주시지 못했어. 그래서 좀 속상했거든. 지윤이가 이제 한글 잘 읽으니까 엄마에게 책을 읽어줄 수 있을까?"
"정말? 응. 엄마. 내가 읽어줄게."

"고마워! 이따가 글씨 너무 많지 않은 걸로 골라놓을게."

나는 저녁을 먹고 아이들 책 중에 어렵지 않은 책을 골랐다. 크리스 라쉬카의 『친구는 좋아!』라는 책이다. 제목부터 글자가 크고 두 아이의 짧은 대사는 독특하지만 핵심을 정확하게 말하는 책이다. 아이가 그 책을 읽어주기 시작하자 마음이 너무 따뜻해졌다. 그리고 어린 시절에 친구를 제대로 사귀지 못해서 힘들었던 때가 생각이 났다. 내 아이가 과거의 어린 나에게 책을 읽어주면서 용기를 주고 있는 듯했다. 너무 든든하고 천군만마를 얻은 듯 행복했다. 이제 더 이상 혼자가 아니라고 말해주는 듯했다.

사실 조건 없이 온 마음을 다해 사랑을 주는 건 엄마가 아니라 아이다. 아이는 엄마에게 매순간 사랑을 주고 있다. 우리가 지금껏 그것을 모르고 있었을 뿐이다. 아이를 통해 나는 어린 시절을 치유하고 있었다. 어쩌면 하루 10분 책 읽어주기는 엄마가 다시 행복을 찾는 시간일지도 모른다. 행복을 찾는 데 하루 10분이면 괜찮은 투자 아닌가? 나는 이 시간으로 벌써 큰 수익을 얻고 있다.

아이는 엄마의 행복과 기쁨을 정확하게 알아차린다. 내가 되찾은 행복을 아이는 벌써 느끼고 있었다. 아이는 설거지하고 있는 내게 다가와 노래로 자신의 행복하고 즐거운 마음을 표현했다.

"엄마가 행복하면 지윤이도 행복해~~"
"지윤이, 지아가 행복하면 엄마도 행복해~~"

우리는 이렇게 함께 노래를 부르며 세상에서 가장 행복하게 서로를 바라보며 크게 웃었다. 행복은 이제 내 것이 됐다. 이 행복에 감사하다. 설거지를 마친 내게 아이가 묻는다.

"엄마, 오늘은 어떤 책 읽어줄까?"

나는 이 말이 이렇게 들렸다.

"엄마, 오늘은 어떤 행복을 찾아줄까?"

아이는 천사임이 분명하다. 나는 이미 천국에 살고 있다. 천사들과 함께.

04

처음부터 끝까지
읽어야 한다는
생각을 버려라

책을 처음부터 끝까지 모두 다 읽어야만 다 읽었다고 할 수 있을까? 나는 독서법에 대해 알지 못했을 때 그렇게 생각했다. 그래서 한 권을 다 읽지 못하면 다른 책을 읽을 수가 없었다. 억지로라도 대충 읽어 내려가면서 페이지를 넘겼다. 그렇게 책을 읽긴 했지만 머릿속에 그 어떤 여운이나 감동을 남기지 못하고 그대로 책장에 꽂히게 된다.

나는 금방 책에 싫증을 내고 새로운 책을 읽고 싶어 했다. 새 책을 읽기 위해 읽고 있던 책은 중반부부터 대충대충 읽게 되고, 잘못된 방법으로 독서를 반복했다. 나는 책을 좋아한다고 말했지만, 책을 제대로 읽지 못했고 내 삶은 매일 변하지 않았다. 책을 통해 내가 느끼고 실천해야 삶이 변한다. 그러나 나는 느끼지도, 실천하지도 않았다. 그동안 가짜 독서를 하고 있었다.

어느 날 나는 책 쓰기에 관한 책을 우연히 도서관에서 보게 됐다. 그리고 책 쓰기에 대해 알게 되고 그러다 독서법에 대해 알게 됐다. 바로 책의 목차의 중요성을 알게 된 것이다. 책에는 모두 제목이 있고 목차가 있다. 책을 읽기 전에 바로 목차를 읽어봐야 한다는 것이다. 소설이 아닌 이상 책의 목차를 보고 내가 필요한 부분만 골라서 읽을 수 있다. 그것이 바로 진짜 책 읽기였다. 나는 그동안 필요 없는 부분까지 모두 읽어가면서 시간을 허비하고 있었다. 그리고 진짜 나에게 중요한 부분을 캐치하지 못하고 내 것으로 만들지 못했다.

이제 진짜 책 읽기로 내 삶을 변화시켜보자. 책값이 아깝다고 한 권을 다 읽으려고 애쓰지 말자. 단 한 페이지를 읽더라도 마음으로 느끼고 내 삶에 실천할 수 있는 큰 깨달음을 얻는다면 책은 그 가치를 다한 것이다. 나는 간단한 이 진리를 아는 데 20년이 걸렸다.

보통 육아서는 350페이지에서 많게는 500페이지에 이른다. 세상에 육아서는 차고 넘친다. 그 많은 육아서를 처음부터 끝까지 읽는다는 건 불가능한 일이다. 그렇게 해서는 육아에 제대로 된 도움을 받을 수 없다.

우린 많은 책 중에서 목차를 잘 읽어보고 좋은 책을 골라야 한다. 그리고 중요한 핵심을 얻어내야 한다. 엄마는 이 세상에서 가장 바쁜 사람이다. 책을 하루 종일 볼 수 없다. 하루 종일 책을 읽는다고 해도 책 안에 있는 모든 지식을 우리의 뇌는 전부 저장하지 못한다. 우린 현명하게 책 육아를 해야 한다. 정답은 없다. 진정으로 나의 마음에 울림을 주는 책을 찾아야 나의 성장이 이루어진다.

최희수의 『푸름아빠 거울육아』을 통해 내 안의 억압된 감정과 대면하고 눈물을 흘리고 털어버리는 방법을 알게 됐다. 그리고 아이를 바라보는 마음이 한결 편안해졌다.

둘째아이는 흔히 말하는 엄마 '껌딱지'이다. 계속 나를 졸졸 따라다녔다. 아이는 계속 안아달라고 조르고 나는 밀어내기를 반복했다. 애정 결핍이라고 생각했다. 나는 속으로 '그 정도면 됐지, 뭘 더 어쩌란 거야!'라며 푸념을 하기도 했다. 나는 자기 전에 아이가 화장실까지 따라오면 왜 따라 왔냐며 침대에 가서 누워 있으라고 소리를 지르고 야단을 쳤다. 그럼 아이는 어김없이 울고 그 자리에 주저앉아 악을 썼다. 아이는 잠들기 전에 우는 날이 정말 많았다. 나는 그때마다 너무 힘들고 괴로웠다. 그러던 중 그날도 화장실에 아이가 따라 들어왔다. 아이를 보는데 갑자기 여섯 살 무렵의 어린 내가 떠올랐다. 분명 나도 이런 순간이 있었다.

나는 내 아이처럼 누군가를 졸졸 따라다녔다. 바로 고모이다. 명절이나 할머니 생신 때 친척 모두가 우리 집에 모였다. 그럴 때 고모가 오면 그렇게 좋을 수가 없었다. 하루 종일 고모를 따라다녔다. 고모가 너무 예쁘고 엄마인 것처럼 좋았다. 고모가 안방에 걸린 큰 거울에 서서 화장하면 너무 예쁘고 신기해서 옆에 서 있던 기억도 난다. 그러면 고모가 내 입술에 립스틱도 발라주셨다. 그게 너무 행복했다. 나와 언니는 고모가 오는 날을 매일 손꼽아 기다렸다. 나는 엄마가 그리웠다. 고모를 엄마라고 생각하고 싶었다. 이렇게 어린 시절을 돌이켜보니 엄마는 아이에게 절대적으로 사랑받는 존재라는 걸 다시 한번 깨닫는다. 나는 얼굴도 모르는 엄마를 사랑하고 있었다. 아빠와 할머니에게 혼날까 봐 말하지 못했지만 매일 엄마를 기다렸다. 아무리 기다려도 엄마는 오지 않았다. 하지만 엄마가 보고 싶다고 떼를 쓰지 않았다. 그런다고 해도 엄마가 오지 않는다는 걸 어린 나이에 이미 알고 있었다. 지금 내 앞에 있는 나의 아이에게 엄마를 향한 그리움이 느껴졌다. 매일 엄마에게 거부당하는 아이의 슬픔이 이제야 보였다. 나의 몸은 아이와 함께 있었지만 마음은 굳게 잠겨 있었다. 이제야 굳게 잠겨있던 나의 마음이 열리는 기분이었다. 나는 아이에게 부드럽게 말했다.

"지아야, 엄마가 그렇게 좋아?"
"응! 나는 엄마 좋아! 엄마 옆에 있을 거야."

"고마워. 엄마도 지아 좋아!"

아이는 나와 대화를 나누면서 정말 너무 행복하게 웃었다. 지금까지 나의 마음을 기다려줘서 너무 고마웠다. 나는 그동안 주지 못했던 사랑을 아이에게 아낌없이 줄 것이다.

나는 최근에 김상운의 『왓칭』이라는 책을 읽고 큰 깨달음을 얻었다. 믿기 어려운 양자물리학에 대한 과학적인 실험 사례들이 가득하다. 신뢰가 가고 '와!'라는 감탄이 절로 나오게 만들었다. 놀라운 우주의 법칙에 대한 책이다. 나는 처음 목차를 살펴봤다. 모두 읽어보고 싶지만 나는 그중에서 '1부 왓칭은 모든 것을 바꿔놓는다'에 시선이 갔다. 보는 것만으로 마음과 몸뿐만 아니라 물질까지도 바꿔놓을 수 있다니 너무 신기하고 궁금했다. 그중 그동안의 나의 생각과 행동에 큰 깨달음을 주는 사례를 보았다.

불교 승려들에게 초콜릿 조각들을 사랑과 자비의 마음으로 각각 10초씩 바라보도록 했다. 사랑과 자비의 마음이 들어간 초콜릿과 보통의 초콜릿을 사람들에게 하루에 하나씩 먹도록 했다. 5일 후 변화를 물어보니 전과 비교해 기운이 10배 넘게 넘쳐흐르는 사람들이 있었던 반면 아무런 변화가 없는 사람들도 있었다. 놀랍게도 승려들의 마음이 들어간 초콜릿을 먹은 사람들은 평균 67%나 활력이 더 돌았다고 한다.

프린스턴 대학의 라딘(Dean Radin) 박사가 실시한 실험이다. 라딘 박사는 이렇게 말했다.

"감사와 사랑의 마음으로 음식을 바라보면 영양분 흡수율이 높아진다."

나는 이 이야기를 듣고 지난날 나의 행동을 돌아보았다. 나는 내가 무슨 음식을 해서 먹든, 아이와 남편에게 음식을 해주든 좋은 마음을 담아서 바라보지 않았다. 거의 부정적인 시선으로 음식을 바라봤다.

'이걸 먹으면 분명 다시 살이 찔 거야.'
'진짜 맛없다. 돈 아까워.'
'귀찮아, 그냥 대충 먹고 버리자.'
'그만 좀 먹어. 다이어트 중이잖아.'

거의 이런 식으로 음식을 부정적인 시선으로 바라보고, 불평을 하는 일이 대부분이었다. 지금껏 많은 음식을 만들고 먹었지만 가족들이 먹기 전에 이 음식을 먹고 건강하고 튼튼하게 해달라고 긍정적으로 바라본 적은 거의 없었다. 항상 남편이 원하는 음식을 해주면서도 '이거 먹으면 분명 살이 찔 텐데.' 하고 음식을 부정적으로 바라봤다. 현실은 그대로 나타났다. 남편은 15kg을 어렵게 감량했지만 불과 두 달도 채 되지 않고 다시 원상태로 돌아오고 말았다. 남편이 먹을 음식을 나는 항상 걱정과 불안의 마음으로 바라봤다. 아이들이 먹을 음식을 보고도 '이거 몸에 안 좋은데.'라고 생각하며 먹이면서도 불안해했다. 걱정은 현실이 됐다. 아이들은 장염에 자주 걸렸다. 이제야 그 이유를 알았다. 나는 이제 모든 음식을 감사의 마음을 담아서 바라보기로 했다. '우리 가족의 몸과 마음을 튼튼하게 해줘서 고마워.'라고 긍정적으로 생각하기로 했다. 물을 먹을 때도 이렇게 말한다. "물아, 나의 몸을 깨끗하게 청소해줘서 너무 고맙다." 이렇게 말하고 감사의 마음으로 하루에 2L씩 마시고 있다. 예전에 변비 때문에 유산균을 매일 챙겨 먹고 해독주스를 만들어 마시기도 했다. 이제 물 하나면 충분하다.

목차를 보고 한 부분만 읽더라도 이렇게 나의 잘못을 깨닫고 새로운 방법을 나의 삶에 적용할 수 있다. 나는 이 우주의 법칙을 알게 되고 정말 소중한 진리를 알게 됐다. 책을 끝까지 다 읽지 않았지만 중요한 교훈 하나만으로도 아주 큰 것을 얻었다고 생각한다. 나와 내 가족의 건강을 지켰다. 이제 내 가족은 지금보다 훨씬 더 건강해질 것이라 자부한다.

세상은 나의 마음을 읽고 그대로 현실로 나타낸다. 모든 병은 마음의 병에서 시작한다. 마음의 병은 자신의 마음을 들여다보지 않기 때문이다. 자신의 마음을 알기 위해서는 독서와 명상이 필요하다. 스마트폰은 잠시라도 저 멀리 놔두자. 이제 책을 읽고 자신의 마음을 돌보아야 할 때이다. 오늘부터 독서를 내 일과에 우선순위로 놓자. 버락 오바마 대통령은 대통령 임무를 수행하는 동안에도 매일 1시간씩 독서를 했다고 한다. 그렇게 바쁜 일정에서도 독서를 손에 놓지 않고 우선순위에 놓은 것은 그만큼 독서가 중요하기 때문이다. 독서는 절대 어렵지 않다. 이제 독서를 시작했다면, 한 권을 다 읽는 것도 좋지만, 목차에서 골라 읽기를 한다면 더 쉽게 접할 수 있다.

05

아이 스스로
책을 고르게
하라

나는 아이가 생기면 전집을 사주겠다고 다짐했었다. 어릴 때 집에 책이 없었던 나는 책에 대한 로망이 있었다. 그래서 아이들 방에 큰 책장을 마련해서 책을 가득 채워주고 싶었다. 그러면 자연스레 아이들이 책을 좋아하게 될 것으로 생각했다. 하지만 나의 착각이었다. 아이는 책을 좋아하지 않는다. 아이는 거실 바닥에서 그림 그리는 걸 좋아한다. 스케치북이 없을 땐 두껍고 단단한 책을 밑에 받쳐놓고 A4용지를 올려서 그림을 그렸다. 그 모습을 보고 할 말을 잃었다. '어떻게 하면 아이가 책을 좋아할까?' 생각했다.

디즈니 영화 〈겨울왕국〉을 보고 너무 좋아해서 책도 사주었다. 그 책뿐만 아니라「미녀와 야수」,「디즈니 알라딘」,「라푼젤」,「소피아 공주」등 등을 사주었지만 크게 책에 흥미를 갖지 못했다.

나는 큰 책장을 채우기에 바빴다. 둘째가 돌쯤 되었을 때 큰맘 먹고 아동전집을 산 적이 있다. 그때 사은품으로 그림이 예쁘지 않은 전래동화 책 20권 정도를 받았다. 오래전에 출판된 책들이었지만 나는 그래도 좋았다. 책을 읽어줄 생각에 설레었다. 아이들도 좋아할 것이라 생각했다. 그러나 아이들은 그 전래동화 그림책을 보려 하지 않았다. 책은 먼지만 가득 쌓일 뿐이었다. 읽지 않는 책을 어떻게든 읽어주려고 애썼다.

나는 매일 저녁 책을 읽어주고 있다. 매일 새로운 책을 보여주고 싶어서 아이들이 책을 고르기 전에 내가 책을 골라서 아이들을 불렀다.

"우리 오늘은 이 책을 읽어보자!"
"싫어! 나는『청개구리의 눈물』이 좋아!"
"지아야, 맨날 그 책만 읽으면 어떻게 해? 다른 책도 읽어야지, 이 책도 재밌어."
"싫어!! 난 이게 재밌어!"

책을 읽기 전부터 기 싸움을 하고 있었다. 어느 날은 그 책을 읽어주기도 했지만, 억지로 새로운 책을 읽어주는 날이면 어김없이 악을 쓰고 아이와 힘겨루기를 해야 했다.

대체 누굴 위한 책 읽기인지 알 수 없었다. 아이는 한 책에만 집착을 보였다. 아이는 못 할수록 안달을 부린다. 아이가 그 책에 만족할 때까지 기다렸어야 했다. 하지만 나는 그렇게 하지 못했다. 책장에 있는 많은 책을 사는 데 투자한 만큼 본전을 뽑아야 한다는 생각에 아이의 마음을 보지 못했다. 나는 내 마음대로 아이들 책을 사놓고 억지로 아이에게 들이밀었다. 아이가 거부하는 건 당연한 일이었다. 나는 아이에게 많은 걸 해주려는 욕심을 내려놓지 못했다. 내가 받지 못한 걸 아이에게 해주고 아이가 좋아할 거라고 기대했다. 그것이 바로 아주 커다란 오류였다. 나의 잘못을 깨닫고 나는 아이가 원하는 책을 직접 고르게 했다. 우리도 책을 고를 때 제목과 표지를 보듯이 아이도 마음에 드는 책을 고를 수 있도록 충분한 시간을 주어야 한다. 한동안은 계속 똑같은 책을 가져오더니 얼마 뒤 새로운 책을 두 손 가득 가져왔다.

큰아이와 함께 도서관에 갔다. 아이가 책에 크게 관심이 없어서 나의 책을 빌릴까 해서 방학 중에 함께 간 것이다. 내 것을 빌리고 아동도서가 있는 2층으로 향했다. 아이는 수많은 책에 넋을 잃었다. 도서관에 처음 와본 아이는 신기해하면서도 너무 좋아했다. 그곳에 아이가 며칠 전에

TV에서 보았던 디즈니 〈멋쟁이 낸시 클랜시〉가 그림책으로도 있었다. 아이는 그 애니메이션을 좋아하지 않았지만 도서관에서 그 책을 보고 너무 반가워했다. 아이는 그 자리에서 그 책을 포함해 3권을 빌렸다. 3권의 책 중에서 제인 오코너, 로빈 플레이스 글래서의 『멋쟁이 낸시의 세상에서 가장 예쁜 인형』은 아이가 최고 좋아하는 책이 됐다. 책의 주인공 낸시는 큰딸과 너무도 비슷했고 동생으로 나오는 조조는 둘째와 똑같았다. 아이와 함께 책을 읽으면서 공감되는 부분이 많아서 많이 웃었다. 동생 조조가 가장 아끼는 인형에 매직으로 낙서를 해놓았다. 화가 난 주인공 낸시는 자신의 방문에 '출입금지 조조'라는 팻말을 써서 크게 써 붙였다. 큰아이가 그 장면을 기억하고 동생뿐만 아니라 엄마, 아빠에게 서운할 때면 따라서 팻말을 붙여놓기도 했다. 그때 당시 받침이 있는 글자를 잘 쓰지 못했다. 아이는 그 책에 있는 글자를 보고 열심히 따라 쓰고 외웠다. 그렇게 아이는 책을 통해 새로운 걸 알게 되고 자신의 삶에 적용시켰다. 내가 알려주지 않았지만 자기 스스로 내용을 이해하고 자신의 상황에 맞게 응용하는 법을 배운 것이다. 나는 그 책을 사주고 싶었지만 절판되어 아쉽게도 사주지 못했다. 그래서 요즘도 도서관에 가면 그 책을 꼭 빌려온다. 아이가 스스로 고른 책은 애착이 생기고 기억에 남는다. 나는 아이의 기억에 남을 좋은 책을 스스로 찾을 수 있도록 환경을 만들어 줘야 한다고 느꼈다. 수많은 전집보다 아이가 고른 단 한 권의 책이 아이에게 더 의미 있고 소중하다. 앞으로 아이의 삶에 도움이 되는 책들이 많아질 수 있도록 나는 최선을 다하고 있다.

예전에 큰아이의 친구 엄마가 책을 주었다. 아이 아빠가 출판사 분야에 일을 하셔서 그런지 아이에게 보다 다양한 책을 접하게 해주고 있었다. 똑같은 책이 2권씩 있다고 해서 나는 감사한 마음으로 받았다. 받고 보니 꽤 내용이 어려운 책이었다. 교원출판사에서 출간된 『솔루토이 경제』 20권 가량의 전집이었다. 아이는 올해 여덟 살이다. 나는 아이가 아직 어리다고만 생각하고 전혀 경제에 대해 알려줄 생각을 하지 못했다. 사실 나조차 경제에 눈뜬 지 얼마 되지 않는다. 투자에 대해 색안경을 끼고 있었다. 그동안 저축이 최선이라고 배워왔다. 그래서 주식투자나 부동산 투자에 대해 전혀 알지 못했다. 많은 부자들에 관해 공부하면서 알게 된 사실은 투자를 하지 않는다면 평생 부자가 될 수 없다는 걸 알았다. 뒤늦게 나는 투자 공부를 시작하게 되었고, 아이에게도 어릴 때부터 경제교육이 중요하다는 것도 알게 됐다. 하지만 경제에 대해 쉽고 재밌게 알려주고 싶었지만 방법을 알지 못해 답답했다. 어린이 경제 신문을 1년간 구독했지만 아이는 신문에 관심을 두지 않았다.

애석하게 시간만 가고 있었다. 그때 마침 이 책을 받게 된 것이다. 아이는 친구에게 받은 책이라 그런지 조금 관심을 보였다. 하지만 책을 펼쳐보고는 이내 너무 글자가 많다며 책을 바로 덮어버렸다. 나는 조급함을 버리고 아이가 스스로 다시 책을 고를 때까지 기다렸다.

3개월 정도 지난 어느 날, 아이는 그 책 중 하나를 골라 왔다. 나는 그 기회를 놓치지 않고 온 에너지를 집중해서 읽어주었다. 아이는 깊게 빠져들었다. 글 양태석, 그림 박종배의 『이누크와 엄마사랑 스웨터』라는 브랜드와 광고에 대한 책이었다. 경제에 대해 제대로 알지 못했던 나에게도 정말 큰 도움이 되는 내용이었다. 정말 쉽고 감동적인 이야기로 브랜드와 광고에 대해 풀어냈다. 아이도 어려움 없이 책을 이해하고 너무 재밌어했다. 아이는 상표와 브랜드의 가치에 대해 알게 되었다. 이 책을 시작으로 아이는 친구가 준 책들을 자연스럽게 읽어 나갔다.

한 달에 한 권씩 아이가 유치원에서 책을 가져왔다. 유치원에서 가져오는 책만 해도 꽤 많아졌다. 어느 날 그중에 한 책을 골라 왔다. 글 황유진, 그림 연정훈의 『척척 요리사 샤크』라는 책이다. 표지 그림부터 요리하는 상어가 너무 재밌어 보였다. 책을 읽어주는 내내 아이들은 부러움을 내비쳤다. 상어가 열심히 만든 음식을 친구들이 몰래 가져가서 먹지만 화내지 않고 다시 만들면 된다고 말하면서 다시 즐겁게 요리를 한다. 큰아이가 동생에게 말했다.

"우리 엄마도 저러면 좋겠다. 그치, 지아야?"

"응. 엄마는 맨날 요리하면서 화내!"

"상어처럼 맛있는 거 많이 해주면 좋겠어. 엄마!"

아이들의 말을 듣고 내가 요리를 하면서 웃지 않는다는 걸 알았다. 나는 매일 억지로 요리를 하고 있었다. 아이들이 그걸 느끼고 있었다. 나는 진심이 담긴 요리를 해주기로 했다. 그렇게 마음을 바꾸고 보니 요리가 힘든 일이 아니라 즐거운 일이라는 걸 알게 되었다. 나는 어릴 때부터 요리를 해왔다. 이제 모든 요리를 레시피를 보면 만들 수 있다. 요리도 나의 재능이라는 걸 알았다. 이제 나는 아이들을 위한 최고의 요리사이다.

한동안 코로나로 인해 키즈 카페에 가지 못했다. 그러다 최근에 간 적이 있다. 이용시간이 기본 2시간이다. 입장료만 4인 기준 6만 원 정도였다. 물론 놀이기구도 많고 다양한 체험을 할 수 있게 잘 만들어놨다. 아이들을 위한 공간도 있고, 엄마와 아빠가 쉴 수 있게 테이블과 의자도 넉넉했다. 2시간 신나게 놀고 집에 돌아와서 아이들에게 물어보았다.

"지윤이, 지아 오늘 재밌었어?"

"아니, 좀 별로였어."

"왜? 재밌는 거 많았잖아."

"그냥. 타는 거도 별로 없고 시시해."

아이들은 그 순간에만 즐거움을 느꼈다. 집에 돌아오면 금방 시시해져 버리는 즐거움이었다. 나는 그 잠깐의 즐거움으로 6만 원을 날렸다. 돈을 쓰고도 허무한 느낌이었다. 나는 아이들의 기억에 오랫동안 즐거움을 남길 수 있는 일이 무엇일까 하고 생각하게 됐다. 바로 서점이 생각이 났다. 내가 처음 대형서점에 갔을 때 그 느낌은 잊을 수가 없다. 천장은 아주 높고 축구장처럼 넓었다. 그리고 사방이 온통 책으로 둘러쌓여 있었다. 마치 내가 '이상한 나라의 앨리스'가 된 기분이 들었다. 책을 사지 않아도 책 부자가 된 듯했다. 아이들과 작은 동네서점에는 가끔 갔지만 대형서점에는 가보지 못했다. 대형서점은 키즈카페 못지않게 아주 넓고 멋지다. 아이들도 분명 나처럼 놀랄 것이다. 아이들은 거기서 많은 책들을 보고 새로운 경험을 하고, 아이들이 원하는 책을 한 권씩 사주는 게 훨씬 효율적이겠다는 생각이 들었다. 아이들은 책을 볼 때마다 즐거울 것이다. 일회용으로 끝나는 즐거움보다 훨씬 큰 값진 일이다.

곧 이 책이 출간되면 서점에 비치된 나의 책을 아이들에게 보여줄 것이다. 그리고 이 책을 아이들이 읽을 수 있는 나이가 되면 선물할 것이다. 이 책의 주인공은 바로 너희라고 말해줄 것이다. 아이들이 힘들 때 읽으면 힘이 되는 책이 되길 바란다. 이 책을 먼저 읽고 있는 당신에게도 힘들 땐 위로가 되고, 기쁠 땐 행복이 되는 책이 되길 바라면서 나는 오늘도 즐겁고 행복한 마음으로 글을 쓰고 있다.

06

엄마의 의식을
확장하는 독서를
하라

오랜만에 고등학교 때부터 친했던 친구들을 만났다. 한동안 코로나가 4단계로 격상되면서 거의 모든 모임이 금지되면서 만나지 못했다. 그러다가 어렵게 4명이 모이기로 했다. 약속 전날부터 기대가 되고 친구들을 오랜만에 만날 마음에 행복했다. 우리는 새로 생긴 브런치 카페에서 점심을 먹기로 했다. 집 근처에 사는 A친구의 차를 타고 같이 가고 있었다. 나는 카페에 브런치 메뉴가 파스타밖에 없는 것이 생각이 났다. 가격대도 비쌌다. 그래서 나는 함께 가는 친구에게 근처 식당에서 밥을 먹고 그 카페로 이동하면 어떠냐고 말했다. 친구는 좋다고 했다. 마침 B친구가 카페 근처에 살고 있어서 그 친구에게 먼저 전화를 걸었다. 그 친구는 카페 주변에 맛집을 잘 알고 있었다. 초밥집이 괜찮다고 추천했다. 그래서

C친구에게도 전화를 해서 이야기하고 초밥집으로 약속장소를 변경했다. 나와 A친구와 B친구는 장소에 도착했고 아직 C친구만 아직 오지 않았다. 그래서 일단 3인분만 주문하고 C친구를 기다리고 있었다. 하지만 전화를 받지 않았다. 끝내 C친구는 오지 않았다. 초밥을 다 먹을 때쯤 단체 톡이 울렸다.

C친구 : "나 오늘 안 나갈래~ 장소 바뀌었으면 아침에 남겨주지. 도착했는데~"

A친구 : "갑자기 바꾼 거야, 도착했으면 도착했다고 말을 하지!"

B친구 : "도착한 거였어?"

나 : "커피숍에 식사 메뉴가 파스타밖에 없고 비싸기도 해서 근처에 초밥집이 괜찮다고 해서 정한 거야."

C친구 : "나 오늘 기분 잡쳐서 안 나가~"

나와 두 친구는 단체 톡을 보고 할 말을 잃었다. 평소 C친구는 쿨 하기로 유명한 친구였다. 항상 털털하고 유쾌한 친구였기에 우린 이 상황이 당황스러웠다. 카페 도착해서 기다리고 있었다면 충분히 도착했다고 말할 수 있었다. 그런데 왜 말을 하지 않고 알았다고 하고 집으로 가버렸는지 도무지 이해가 되지 않았다. 사실 C친구는 회를 잘 먹지 못한다. 하지만 초밥집에는 돈가스와 우동, 라멘, 메밀 소바 등등 다양한 메뉴들이 있다. 그래서 크게 걱정하지 않았다. 예전에도 초밥집에서 모인 적이 있었다. 하지만 오늘 무엇이 친구의 기분을 상하게 했는지 이해하기 어려웠다. 알고 보니 C친구는 며칠 전 코로나백신 접종 후에 컨디션도 좋지 않고 속도 좋지 않아서 밥을 먹고 싶지 않았다고 한다. 그래서 간단하게 차와 빵만 조금 먹으면서 이야기하려고 나온 것이었다.

우리는 그것을 나중에 알게 됐다. 친구는 자기를 무시하고 우리끼리 마음대로 약속장소를 변경했다고 생각하고 기분이 상한 것이다. 나는 이 일로 내면의식이 중요하다는 걸 다시 한번 느꼈다. 우리의 내면의식은 나이가 들수록 점점 작아진다. 또한 한없이 부정적인 생각에 휩싸인다. 자신의 내면의식을 들여다보고 독서를 하면서 더 크게 확장시켜야 한다. 평소 유쾌하고 긍정에너지 가득했던 친구가 이렇게 변했다는 사실이 안타까웠다. 나는 이번 일로 독서 모임을 해보자고 했다. 달마다 좋은 책을 추천하기로 했다. 나는 이 모임이 카페에 모여 차 마시면서 의미 없는 이야기를 하며 시간을 보내는 것보다 독서를 통해 삶에 여유를 갖고, 의식이 성장하는 그런 모임이 되길 바란다. 친구가 다시 예전의 모습으로 돌아갈 수 있으리라 믿는다.

나는 지난 20년 가까이 독서를 했다. 한때 방황하여 책을 손에 놓기도 했지만 결국에 책으로 돌아왔다. 책은 나를 위로해주고 나를 성장하게 했다. 그동안 나는 다양한 장르의 책을 읽었다. 20대 초반에는 생각 없이 그저 표지가 예쁘고 제목이 좋은 책들로 골랐다. 그러다가 20대 중후반에 중국 역사 이야기에 관심이 생겨서 『삼국지』 10권과 『와신상담』 6권을 중고서점에서 샀다. 젊은 애가 그런 책을 읽느냐면서 주위에서 신기해했다. 『삼국지』를 사면서 '내가 이 책을 다 읽을 수 있을까?' 하고 걱정했지만 그것은 쓸데없는 걱정이었다. 나는 10권을 큰 힘 들이지 않고 빠른 시간에 모두 읽었다. 다음 권 내용이 궁금해서 잠을 잘 수 없었다.

주인공들의 끝없이 반복되는 음모와 술수, 배신 그리고 진정한 의리는 나를 책 속에 빠져들게 만들었다. 또한 제갈공명의 전술은 정말 놀랍고 존경스러웠다. 유비에게 그가 없었다면 그는 황제가 되지 못했을 것이다. 초야에 묻혀 있던 인재를 알아본 유비의 능력도 놀라웠다. 이 책을 읽은 지 벌써 10년이 넘었다. 최근 책 정리를 하다가 다시금 생각이 났다.

그 당시 나는 이 책을 읽으면서 나도 언젠가 그들처럼 세상에 나를 알리겠다고 다짐하며 20대를 버텼다. 또한 『와신상담』의 온갖 고초와 치욕을 견디며 버텨오다가 마침내 최후의 승자가 되는 월왕 구천의 이야기는 큰 감동이었다. 그때 나는 친척 고모네 집에서 살면서 나의 어릴 때 꿈이었던 메이크업아티스트가 되기 위해 적은 월급을 받으면서 4년 가까이 보조역할을 하면서 메이크업을 배우고 있었다. 그때의 힘든 나의 모습이 주인공 구천과 너무도 비슷하게 느껴졌다. 그리고 나도 그처럼 견뎌낸다면 반드시 전문가가 될 수 있다는 희망과 믿음을 갖고 버텨왔다.

결국 나는 전문 메이크업 아티스트가 되어 최고의 전성기를 누렸다. 나는 나 자신을 믿으면서 최고가 될 그날을 상상했다. 내가 연예인과 신부를 메이크업해주는 상상을 했다. 그 느낌은 생각만으로 짜릿했다. 결국 나의 상상은 현실이 됐다. 나는 메인 메이크업 아티스트가 되어 보조의 서브를 받으며 신인 연예인과 신부의 메이크업을 담당하게 됐다. 나의 오랜 꿈을 이뤄냈다. 지금도 20대의 내가 자랑스럽고 뿌듯하다.

파울로 코엘료의 『연금술사』에서 그는 자신의 철학을 소설을 통해 이야기했다.

"무언가를 간절히 원할 때 온 우주는 나의 소망이 실현되도록 도와준다."

나는 나의 인생에서 첫 목표를 이루고 그 뒤 새로운 꿈을 품게 되었다. 그건, 바로 엄마가 되는 것이었다. 나는 날마다 아이를 갖는 상상을 하고 아이와 함께 있는 꿈을 꾸었다. 그리고 나는 엄마가 되었다. 그가 말하는 것처럼 원하고 상상한 모든 것이 이루어졌다. 하지만 나에게 큰 시련이 오기도 했다. 내가 왜 이런 시련을 겪어야 하는지 그땐 그 이유를 알지 못해서 정말 힘든 시간을 보냈다. 나는 독서를 하면서 비로소 깨달았다. 의식성장 독서를 시작하지 않았다면 나는 시련을 이겨내지 못했을 것이다. 나는 육아의 많은 시행착오를 겪으면서 깨달음과 원칙, 교훈, 나만의 육아 노하우를 터득했다. 그리고 나는 그것을 통해 나를 세상에 알리는 작가가 되었다. 그것은 시련이 아닌 선물이었다. 나는 이제 새로운 꿈을 꾸고 행복한 상상을 하며 하루를 보낸다. 나는 나의 꿈을 믿고 상상한다. 내 꿈이 이루어지는 건 너무 당연하고 자연스러운 일이다.

우리의 인생은 자신이 하고 있는 생각과 자신이 말하는 대로 살아가게 된다. 하지만 사람들은 단순한 그 원리를 모르고 살아간다. 그저 자신의 운명을 탓하고 부모, 배우자를 원망한다. 나 또한 한때 그런 삶을 살았다. 어린 시절에는 나를 버린 엄마를 원망했고, 결혼 후에는 배우자를 원망하고 비난했다. 사회에 나가서도 타인의 시선을 항상 의식하며, 그들에게 미움 받지 않으려고 그들에게 나를 맞추며 살았다. 그 삶은 너무 불행했고 자유롭지 못했다. 나는 칭찬과 인정 욕구에 목말랐다. 그것은 마치 마약과도 같았다. 나는 그것에서 빠져나오기까지 꽤 오랜 시간이 걸렸다. 이제 나에게 일어나는 모든 일은 나를 성장시키기 위한 하나의 미션이라고 생각한다. 나는 그 일을 통해 더욱 성숙해진다. 더 이상 불평하고,

상대를 비난하며, 한탄하는 행동을 하지 않는다. 아직도 자신의 삶을 비관하고 불평하며 살아가는 사람들이 주위에는 너무도 많다. 나의 이 책을 읽고 단 한사람이라도 그 늪에서 빠져나와 행복해진다면 이 책은 성공적이다.

예전에 나는 베스트셀러를 위주로 책을 사거나 빌려봤다. 전혀 내 삶은 변하지 않았다. 다독한다고 의식이 확장되는 것이 아니다. 의식이 확장이 되는 책을 찾기는 어려웠다. 사실 그런 책이 있다는 것도 알지 못했다. 나는 그때 도서관에서 그 한 권의 책을 읽지 않았다면 아직도 의미 없는 독서를 하고 있었을 것이다. 그 책은 바로 김태광 대표코치, 권마담의『부와 행운을 끌어당기는 우주의 법칙』이다. 나는 이 책을 통해 나의 의식성장이 멈춰 있다는 걸 알았다. 김태광 대표코치는 의식의 중요성에 대해 이렇게 이야기한다.

"인생을 바꾸기 위해서는 반드시 의식의 변화가 있어야 한다. 과거와 같은 의식으로는 절대 인생이 변하지 않는다. 모든 것은 의식에서 창조되기 때문이다. 가장 위험한 인생은 평범한 인생이다. 당신의 소망을 읽고, 떠올리고, 쓰고 심장과 영혼에 새겨라. 지금부터 자신이 원하는 계획을 세워라. 자신이 보고자 하는 미래를 그려라. 과거는 바꿀 수 없지만 미래는 바꿀 수 있다."

나는 이 책에 홀린 듯이 빠져들었다. 그들은 나의 현재의 마음을 꿰뚫어 보는 듯 말했다. 나는 그들이 말하는 대로 나의 과거와 이별하기로 했다. 부정적이고 불행했던 과거의 나는 이제 없다. 나는 이제 긍정적인 사고와 행복한 미래를 꿈꾼다. 내가 원하는 것을 생각하고 집중하자. 내가 원하는 것이 무엇인지 정확하게 그려낼 수 있어야 안 좋은 상황이나 드림 킬러가 나타나도 이겨낼 수 있다. 그러기 위해선 멈추지 않고 의식을 확장하는 노력이 필요하다. 그래야 어떤 상황에서도 자신을 믿고 흔들리지 않는다. 내 안에 잠들어 있는 거인을 깨워 세상을 향해 날아오르자. 그때 비로소 나에게 하늘을 날 수 있는 커다란 날개가 있었다는 걸 깨닫게 된다. 이미 거인은 잠에서 깨어났다. 이제 날아오를 준비를 하고, 날개가 있다는 것을 믿고 두려워하지 말고 벼랑 끝에 서서 뛰어내려야 한다.

나폴레온 힐의 『결국 당신은 이길 것이다』에서는 인간의 무기에 대해 이렇게 말한다. '두려움'은 인간이 만들어 낸 악마의 무기이며 확신과 신념은 이러한 악마를 물리치고 성공적인 삶을 살아가기 위해 꼭 필요한 인간의 무기라는 것이다. 그리고 인간에게 최악의 질병은 바로 '망설임'이라는 것이다.

우리는 악마의 무기와 최악의 질병에서 벗어나야 한다. 자신에 대한 확신을 가져야 두려움과 망설임이란 함정에서 빠져나올 수 있다. 우리는 독서를 통해 자기에 대한 확신과 신념으로 꿈을 이룰 수 있다. 나는 작가가 되어 세상에 선한 영향력을 펼쳐 앞으로 많은 사람들이 행복한 육아를 할 수 있도록 도와주는 코치가 되겠다는 신념이 있다. 나는 그 꿈을 꾸며 오늘도 행복한 작가의 삶을 살고 있다. 나는 누구도 대신할 수 없는 유일한 존재이다.

07

목적을 세우고
독서를
하라

  독서에서 가장 중요한 것은 바로 목적이다. 내가 독서를 하는 이유를
정확하게 알아야 한다. 막연하게 하는 다독이나 속독이 위험한 이유가 바
로 이것이다. 사람들은 책을 무조건 많이 읽으면 성공하고 인생이 바뀔
거라는 막연한 기대를 한다. 평범한 사람들이 유일하게 할 수 있는 것이
독서이기 때문이다. 하지만 독서에도 목적이 있어야 한다. 목적이 있는
독서를 해야 인생이 변하고 지금보다 나은 삶을 살 수 있다. 나도 한때는
독서의 중요성을 알지 못하고 많은 책을 읽었다. 소설을 읽기도 하고 자
기계발서를 읽기도 했다. 또한 재테크 관련 책도 읽었다. 목적 없이 다양
한 분야를 읽었다. 책을 통해 지금의 내 삶이 달라지길 바랐다. 하지만 전
혀 달라지지 않았다. 나는 제자리에서 맴돌았다. 남편과의 불화가 잦아지

고, 아이들과도 매일 전쟁을 치르는 삶을 반복하고 있었다. 도무지 내 삶은 전혀 나아지지 않았다. 주식이나 부동산 투자를 배워보려고 애를 썼지만 나와 맞지 않았다. 전혀 알아들을 수 없었다. 부자가 되고 싶었지만 적극적으로 행동하지 못했다. 또한 구체적인 목표가 없었다. 내가 무엇을 해야 할지 몰라서 망설이는 날이 계속됐다. 나는 너무 답답했다.

내가 무엇을 할 수 있는지, 무엇을 해야 하는지 정하지 못했다. 그럴수록 나는 불안하고 답답했다. 남편의 인생에 묻혀가는 삶을 살고 싶지 않았다. 나의 인생을 후회 없이 살고 싶었다. 나는 39세이다. 아직 늦지 않았다. 나도 다시 꿈을 꿀 수 있고 내 인생은 아직 충분히 남아 있다는 생각이 나를 깨웠다. 내가 무엇을 하고 싶은지 계속 생각했다. 나는 지난 8년간 두 아이를 낳고 기르면서 많은 걸 경험하고 깨달았다. 그 깨달음은 너무도 소중했다. 아이들을 키우면서 그동안 알게 된 노하우와 교훈을 이제 육아를 시작하는 사람들에게 알려주며 행복을 느끼게 됐다. 나는 아이들을 잘 키워나가고 자신만의 행복하고 빛나는 삶을 살기 위한 엄마들의 동기부여 코치가 되고자 하는 새로운 목적을 세웠다. 그리고 나는 나의 내면의식 성장에 도움이 되는 책들을 위주로 읽었다. 엄마의 성장이 곧 아이들의 성장에 가장 큰 영향을 준다는 걸 알았다. 그렇게 나의 내면을 이해하고 성장하는 독서를 시작하기 시작했더니 아이들의 문제 행동의 이유를 알게 되면서 아이들을 이해하게 됐다. 또한 나의 상처받은 내면아이의 존재도 알게 되고 치유하였다. 나는 내면아이를 알게 되면서 더욱 깊이 알고 싶어졌다. 육아와 결혼생활이 그토록 힘들었던 건 바로 내면아이 때문이었다는 것도 알게 됐다. 그 분야의 깊이 있는 독서를 하면서 나를 이해하게 되고 남편을 이해하게 됐다. 그러면서 나는 자연스럽게 아이들의 마음을 이해하게 되고 포용하게 됐다.

대체 공휴일로 인한 긴 연휴가 지나고 밤이 되었다. 이제 다음날이면 유치원에 가는 날이다. 아이는 자야 할 시간이 다가오자 덜컥 겁이 났는지 울음을 터트리고 떼를 쓰기 시작했다.

"내일 유치원 안 갈래! 가기 싫어!"
"오늘 월요일인데 쉬는 날이라서 안 갔잖아. 내일은 가야지."
"싫어. 유치원 재미없단 말이야!"
"유치원은 학교랑 똑같이 공부하러 가는 곳이야. 재미없다고 안 갈 순 없어!"
"그래도 싫어! 집에서 놀래!"

나는 슬슬 화가 치밀어 오르기 시작했다. 나는 최대한 아이가 충분히 자신의 감정을 표출할 때까지 기다렸다. 아이는 10분 넘게 울었다. 그리고 다시 아이에게 말을 걸었다.

"지아야, 유치원에서 무슨 일이 있어? 왜 안 가고 싶은 건데, 다시 얘기해 봐."

"예나가 나를 밀고 사과도 안 해서 너무 싫어."

"아, 그랬구나. 예나가 지아를 밀고 사과 안 해서 속상했구나. 알았어. 엄마가 선생님께 내일 얘기할게."

"응. 엄마. 근데 나는 엄마가 너무 좋아서 엄마랑 같이 있고 싶어. 유치원에 있으면 엄마 생각이 나서 엄마가 너무 보고 싶어서 눈물이 나."

"그랬구나. 엄마도 지아가 유치원에 있을 때 너무 보고 싶어. 엄마의 마음은 언제나 지아 곁에 있어. 엄마가 보고 싶을 때는 그림을 그려봐."

아이는 유치원에서 힘든 일이 있거나 속상한 일이 생기면 엄마의 얼굴이 떠오른다. 그 이야기를 듣고 나 역시 어린 시절 학교에서 속상한 일이 있을 때 아빠의 얼굴이 떠오르면서 서럽게 울었던 기억이 났다. 지금도 힘든 일이 있을 때 아빠나 언니의 목소리를 들으면 눈물이 나오고 목이 매어 말이 나오지 않는다.

나는 아이의 이야기를 듣고 유치원에서 아이의 상황이 그려지면서 마음이 아팠다. 나는 아이를 꼭 안아주었다. 아이는 안정을 찾고 조용히 잠이 들었다. 그리고 아침에 아무 일도 없었다는 듯 씩씩한 모습으로 유치원에 등원했다. 아이는 어제보다 한 뼘 더 성장했다.

나는 어린 시절에 부정적인 감정을 억누른 것처럼 아이를 똑같이 억압하고 있었다는 사실을 알았다. 나의 내면아이의 상처가 아이에게 대물림되고 있었다. 나는 최희수의 『푸름아빠 거울육아』를 통해 아이가 나와 같은 상처를 갖고 평생을 살 뻔했다는 사실에 가슴을 쓸어내렸다. 나는 이제 아이의 감정이 억압되어 마음에 남아 있지 않도록 충분히 표현하도록 기다려 주기로 했다. 그것이 바로 육아의 기본이라는 걸 알게 됐다. 결혼후 아이를 낳고 나서 남편과 사소한 일로 다툼이 잦았다. 남편은 항상 자신을 아이들처럼 챙겨주길 기대하고, 관심 가져주기를 바랐다. 그런 남편의 모습이 어린아이같이 유치하게 느껴지고, 너무 버거웠다. 나는 아이들을 챙기기도 바쁘고 힘들었다. 남편은 유난히 아이의 울음소리를 힘들어했고, 이해하지 못했다. 평소에는 좋은 아빠였지만 아이들이 떼를 쓰거나 울면 아이를 무섭게 다그쳤다. 아이들은 아빠를 좋아하면서도 무서워했다. 나는 그런 남편이 이해가 되지 않았다. 나는 내면의식 독서를 통해 남편의 어린 시절을 천천히 살펴보게 됐다. 그리고 그 이유를 알게 됐다.

남편은 삼 남매 중 막내로 태어났다. 처음에는 어머니에게 많은 사랑을 받았지만, 맞벌이를 시작하시면서 일찍이 형과 누나에게 맡겨지고, 엄마의 관심을 많이 받지 못했다. 배달음식으로 끼니를 때우는 날이 많았다. 또한 사춘기에 사고도 많이 치고, 방황을 많이 했다. 그것은 엄마의 관심을 받기 위한 행동이었다. 아버지는 매우 엄격하고 무서운 분이셨다. 학교에서 사고를 치거나 잘못을 저질렀을 때는 심하게 매를 맞았다. 남편은 아버지의 사랑을 제대로 받지 못했다. 나는 육아코칭을 공부하면서 부부의 문제를 먼저 돌보고 치유해야 한다는 걸 배웠다. 남편 역시 어린 시절 부모님의 사랑을 충분히 받지 못했다. 그러기에 남편도 아이들의 행동을 힘들어했다. 남편의 어린 시절을 들여다보니 남편이 가엾고, 처음으로 측은한 마음이 들었다. 내가 평생 사랑하고, 보듬어줘야 할 사람이라는 마음이 들기 시작했다. 남편 또한 상처받은 영혼을 갖고 있었다. 이처럼 많은 부모들이 어린 시절의 상처를 갖고 육아를 하고 있다. 그래서 그토록 육아가 힘들고 어려웠던 것이다.

나와 남편은 서로 어릴 때 듣고 싶었던 말을 하루에 하나씩 서로에게 해주기로 했다. 나는 곰곰이 생각했다. 내가 어릴 때 들었으면 행복했을 말은 무엇이었을까? 나는 하나하나 적기 시작했다. 나는 그것을 쓰고 난 후 읽으면서 눈물이 났다. 너무 행복한 말이었다.

"네가 있어서 행복해!"
"나와 함께 있어줘서 고마워!"
"오늘도 사랑해!"
"너 참 예쁘다!"

나는 나의 존재를 긍정적으로 인정받기를 바라고 있었다. 나는 어린 시절 누구에게도 환영받지 못하는 존재였다. 할머니는 쌍둥이로 태어난 나를 너무 힘들어하셨다. 하나만 태어났으면 덜 힘들었을 것이라며 떠나간 엄마를 원망하셨다. 매일 같이 그런 원망을 듣고 살면서 나는 차라리 내가 태어나지 않았다면 엄마가 떠나는 일도 없었을지 모른다는 생각을 했다. 나는 스스로 나의 존재 자체를 부정했다. 그 후로 나는 세상에 없는 아이처럼 착하고, 조용하게 살았다. 나는 긍정적인 말을 들으면서 너무 행복했다. 그리고 아이들에게도 그 말을 해주어야겠다고 생각했다. 아이들 역시 그 말을 듣고 너무 좋아했다.

내가 목적을 세우고 독서를 하지 않았다면 '왜 책을 열심히 읽는대도 내 삶은 변하지 않는 거지?'라며 세상을 비난하고, 남편과 아이들을 원망하고, 나의 운명을 자책하며 살았을 것이다. 나는 그동안 잘못된 독서로 많은 시간을 허비했다. 나처럼 많은 사람들이 책을 열심히 읽기만 하는 실수를 한다. 그건 아무런 도움이 되지 않는다. 나에게 작은 하나라도 깨달음을 주는 독서가 진짜 독서이다. 그 깨달음이 내 삶에 꼭 적용되어야 한다. 그래야 독서의 목적이 달성된 것이다.

나의 독서의 목적은 행복한 육아 그리고 나의 행복이다. 나는 이제 더 이상 '불쌍한 나'가 아닌 '행복한 나', '소중한 나'로 바라본다. 또한 상대방을 나를 괴롭히는 가해자가 아닌 나와 같은 소중한 존재로 바라본다. 나는 앞으로 인간의 행복에 대해 더 깊이 있는 독서를 할 것이다. 그것이 바로 내가 이 세상에 온 목적이자 임무다. 내가 바뀌면 가정이 바뀌고, 세상이 바뀐다. 내가 행복해지면 가정이 행복해지고, 세상은 천국이 된다. 그것이 행복의 법칙이고 우주의 법칙이다. 나는 이제 작가로서 제2의 인생을 살고 있다. 나는 지금 그 누구보다도 행복하고 자유롭다. 당신도 늦지 않았다. 일단 목적을 설정하고 독서를 시작하자. 기적 같은 미래가 우리를 기다리고 있다.

노벨물리학상 수상자 앨버트 아인슈타인은 인생을 사는 방법이 2가지가 있다고 말했다.

"하나는 아무 기적도 없는 것처럼 사는 것이요, 다른 하나는 모든 일이 기적인 것처럼 사는 것이다."

나는 후자를 선택했다. 내 삶의 모든 순간이 기적이다. 지금 나는 기적 속에 살고 있다.

5
장

아이의
오늘을 행복하게
만들어라

01

아이에게
가장 좋은 롤 모델은
엄마다

'롤 모델(role model)'이란 자기가 해야 할 일이나 임무 따위에서 본받을 만하거나 모범이 되는 대상이라고 정의한다. 아이는 자신의 행동을 가장 가까이 있는 엄마를 보고 따라 한다. 아이의 의사에 상관없이 엄마는 자연적으로 아이의 첫 번째 롤 모델이 된다. '아이는 엄마를 비추는 거울일 뿐이다.' 이 말은 엄마의 행동과, 말, 생각, 습관을 아이가 스펀지처럼 빨아들이고 그대로 따라 한다는 뜻이다.

아이가 나쁜 행동을 했을 때 그것은 곧 내가 그런 행동을 한 적이 있다는 말이다. 아이를 혼내고 야단치는 걸로 절대 고칠 수 없다. 엄마가 그 행동을 고쳐야만 아이는 달라진다.

어느 날 나는 아이들의 대화를 듣게 됐다. 아이들에 대화법이 너무 익숙하게 들렸다. 큰아이는 지적하고 둘째 아이는 자신의 잘못된 행동을 인정하지 않고 변명했다.

"지아야, 너는 아침에 옷 투정 안 하기로 엄마랑 약속하고 왜 약속을 안 지켜?"

"아니, 그게 아니고 그냥 다른 옷이 입고 싶으니까 그렇지!"

"지아야, 너는 근데 왜 양치하면서 돌아다녀?"

"아니, 내가 할 일이 있으니까 그렇지!"

마치 나와 남편의 대화를 보는 듯했다. 내가 남편에게 항상 지적하고 남편은 변명하고 수습하기에 바빴다. 그런 대화를 아이들이 모두 습득하고 있었다.

"여보, 왜 그렇게 기분 나쁘게 말을 해?"

"아니, 나는 그런 뜻이 아니고 그냥 사실을 말하는 거지."

"여보, 어제 TV를 켜놓고 잔 거야? 안 그러기로 했잖아!"

"아니, 그게 아니고 잠이 너무 안 와서 여보랑 애들 잠들어서 잠깐 켠 거지."

"여보, 오늘부터 저녁 안 먹고 다이어트하기로 했잖아. 근데 또 무슨 치킨이야?"

"아니, 점심을 너무 조금 먹어서 배고프니까 그렇지!"

엄마의 기분이 아이의 태도가 되지 않게

나와 남편의 대화가 거의 이런 식이었다. 나는 남편의 행동이 항상 마음에 들지 않아 지적하고 비난했다. 아이들이 이런 부모의 대화 방식을 따라 할 거라고는 전혀 상상하지 못했다. 아이들은 부모의 아주 작은 습관까지도 모두 흡수한다. 나는 그 뒤로 나의 말과 행동을 조심해야겠다고 생각하게 됐다.

엄마는 숙명처럼 아이의 롤 모델이 되어야 한다. 그렇다면 나는 어떤 사람이 되어야 할까? 나는 지금껏 살면서 롤 모델이 없었다. 아이들이 나의 모든 것을 배우고 따라 한다는 걸 느끼고 나는 아이들에게도 좋은 영향을 줄 수 있는 인물을 나의 롤 모델로 선택하기로 결심했다. 그리고 롤 모델을 결정했다. 바로 마더 테레사 수녀님이다. 나는 김새해의 『내가 상상하면 꿈이 현실이 된다』라는 책을 보고 책에 인용된 테레사 수녀님의 이야기를 읽고 큰 감동을 받았다. 그리고 그녀에 대해 더 알고 싶어졌다. 아무 조건 없이 가난한 사람들을 위해 평생 사랑을 베풀고 나누었던 그녀가 존경스러웠다. 책의 저자 또한 힘든 상황에서 그녀를 떠올리며 희망을 갖고 견뎠다고 이야기했다. 그녀의 일화를 함께 나누고 싶다.

마더 테레사 수녀는 아프리카에서 고아들을 위해 봉사활동을 하면서 수시로 기금을 모으러 다녔다. 그날도 아이들과 함께 시내 곳곳을 돌아다니면서 모금 활동을 벌이고 있었다. 마더 테레사 수녀는 한 술집으로 들어가 이렇게 말했다.

"아이들이 굶주리고 있습니다. 조금만 도와주세요."

술집 안에 있던 손님들이 힐끔거리며 쳐다보았다. 그때 취객 한 명이 마더 테레사 수녀를 향해 차가운 맥주를 끼얹었다. 수녀는 맥주를 뒤집어 쓴 채 온화한 음성으로 말했다.

"저에게 맥주를 선물하셨군요. 이 불쌍한 아이들을 위해서는 무엇을 선물하시겠습니까?"

그녀가 조용히 미소 지으며 그를 바라보았다. 잠시 후 그곳에 있던 한 여성이 다가와 모금함에 돈을 넣었다. 이어 다른 손님들도 하나둘씩 자리에서 일어나 모금함에 돈을 넣었다. 이 광경을 지켜보고 맥주를 끼얹었던 남자도 모금함으로 다가와 지갑을 꺼내려다가 순간 명함을 바닥에 떨어뜨렸다. 마더 테레사 수녀는 그의 명함을 집어 들고 친절하게 말했다.

"고맙습니다. 이 아이들이 선생님의 이름을 기억할 겁니다."

나는 이 일화를 읽으면서 사랑, 용기, 인내, 희망, 감사를 느꼈다. 험악

한 상황에서도 오직 아이들을 생각하고 그 어떤 흔들림 없는 그녀의 모습이 상대의 마음을 변화시켰다. 바로 사랑만이 해낼 수 있는 일이라는 생각이 들었다. 나도 그녀처럼 나 자신을 신뢰하고, 진정으로 타인을 위해 공헌하는 삶을 살기로 했다. 내가 사랑으로 바뀌면 어느새 아이도 사랑을 베푸는 아이로 자라 있을 것이다.

'해리포터' 시리즈로 큰 부와 명예를 얻은 조앤 롤링은 나의 또 다른 롤모델이다. 그녀는 그 당시 실업자에 셋방에서 정부 보조금을 받으며 아이를 키우는 이혼녀였다. 하지만 그녀는 인생을 포기하지 않고 작가가되기로 마음먹었다.

그녀는 마침내 책을 출간하고 베스트셀러 작가가 되었다. 자신의 책이서점에 진열되는 것을 보는 것이 꿈이었던 그녀는 가장 감격스러웠던 순간으로 마침내 책의 출간 사실을 알게 되었을 때를 꼽았다. 그 이후에 일어난 모든 일들이 놀라웠지만 자신이 작가라고 말할 수 있던 그 순간부터 이미 어린 시절의 꿈이 이루어진 것이나 다름없었다고 말한다.

그녀는 꿈이 있었고, 결국 성공을 이끌어냈다. 나도 그녀처럼 내 책이서점에 진열되어 있는 걸 보는 것이 꿈이다. 매일 그 모습을 상상하며 글을 쓰고 있다. 나는 이제 꿈이 곧 현실로 실현되리라는 걸 알고 있다.

어느 날 나는 남편과 아이들에게 작가가 될 거라고 선전포고했다.

"애들아, 엄마 이제 작가야! 책 쓰는 사람!"

"우와, 진짜? 작가가 되면 엄마 TV에도 나와?"

"그럼~ 나올 수도 있지! 진짜 유명해지면! 그리고 유튜브에도 나와!"

"진짜 멋지다, 엄마!"

"엄마 책이 이제 곧 나올 거야. 그럼 서점에 가자! 선물로 엄마 책 사줄게!"

"응! 꼭 간직할게!"

나는 이제 작가가 될 수밖에 없는 상황을 만들었다. 아이들과 남편에게 선전포고를 미리 했다. 그것은 내 꿈이 흐지부지 되어 사라지지 않기위한 비책이었다. 사실 처음에 책 쓰기를 시작했을 때 의욕이 넘쳤다. 제목이 정해지고 목차가 정해졌을 때는 정말 좋아서 날아가는 듯했다. 하지만 1장을 쓰면서 5장까지 쓸 생각을 하니 까마득했다. 내가 과연 끝까지 써서 완성할 수 있을지 걱정이 밀려왔다. 그러다가 3장을 쓸 때쯤 슬럼프가 찾아왔다. 이 책이 출간되기까지 참 많은 일이 있었다. 원고를 쓰면서 기억하지 못했던 나의 어린 시절의 기억이 떠올라서 아프기도 하고 감격스럽기도 했다. 그렇게 나의 마음이 치유되는 놀라운 경험을 했다. 나의 삶은 글을 쓰기 전과 후로 나뉜다. 글을 쓰기 전에 나는 그저 평범한 401호 지윤이와 지아의 엄마였다. 그러나 이제 나는 책을 쓰는 작가 엄마가 되었다. 당당히 나를 알릴 수 있다.

처음 작가가 되기로 결심했을 때 미지의 세상에 발을 들여놓은 듯 불안함도 있었다. 하지만 나는 시작한 이상 물러설 수 없었다. 그렇게 걱정 반 설렘 반의 마음으로 글을 쓰다가 갑자기 어린 시절이 떠올랐다. 자세히 기억나지 않지만, 학교에서 '어버이날 편지쓰기 대회'를 했었다. 그때 나는 아빠에게 처음으로 편지를 썼다. 나는 그 대회에서 우수상을 받았다. 편지와 글쓰기는 조금 다르지만, 진심이 담긴 내용이라는 점은 같다. 그때 나는 어렸지만, 아빠가 혼자서 쌍둥이를 키우는 게 고생스러워 보이고 너무 힘들어보였다. 나는 꼭 효도하겠다는 감사와 사랑의 마음을 쓴 기억이 얼핏 난다. 나의 진심이 통했다. 그 일이 떠오르고 나서 어린 시절 앨범을 다시 찾아보았다. 놀랍게도 '산림애호 글짓기', '6·25체험 소감문 쓰기'라는 대회에서도 장려상을 받았다. 어쩌면 그때부터 작가의 꿈이 있었던 것 같다는 느낌이 들었다. 그 후 나는 용기를 얻고 내 이야기를 솔직하게 진심을 담아서 써내려갔다. 그 후 불안이나 걱정이 말끔히 사라졌다. 그리고 원고가 막힘이 없었다. 나의 진심은 이번에도 통할 것이라고 믿는다.

나는 글을 쓰면서 내가 아이들을 통해 진정한 어른이 되었다는 걸 알게 되었고, 이제 큰 세상으로 나아가 많은 이들에게 영감과 희망을 주는 코치이자 작가가 되기로 했다. 평범한 내가 이렇게 한 권의 책을 쓰고 작가가 되어 삶이 완전히 바뀌었다. 나는 글을 쓰면서 의식이 성장했고, 마인드도 바뀌었다. 나는 이미 많은 것을 갖고 있었다. 편히 쉴 수 있는 집과 어디든 갈 수 있는 차가 있고, 무슨 일이든 내가 원하는 일을 할 수 있는 잠재력이 있었다. 그리고 나는 좋은 남편과 예쁜 자녀가 둘이 있었다. 이렇게 많은 것을 누리면서도 나는 그동안 보지 못했고, 내가 가지고 있는 잠재력을 알지 못해서 늘 불안했다. 이제 나는 감사와 사랑으로 내 남은 인생을 행복하게 보낼 것이다. 나는 감사와 사랑이 세상을 살면서 얼마나 중요한 일인지 알게 됐다. 앞으로 내가 감사와 사랑을 실천하며 살아간다면 아이들에게 더없이 좋은 롤 모델이 될 것이다.

02

기억하라,
엄마는 눈부시게
아름답다

이 세상에서 가장 고귀하고 눈부시게 아름다운 존재는 엄마다. 소중한 한 생명을 잉태하고, 출산하는 일은 그 어떤 일과 비교할 수 없는 영적인 일이다. 아이를 낳으면서 자신도 모르게 영적인 성장이 이루진다. 우리가 그걸 깨닫는다면 더 크게 성장할 수 있다. 하지만 대부분의 엄마들은 그것을 깨닫지 못하고 살아간다. 생명을 내 안에 품고, 나를 통해 낳을 수 있다는 건 놀라운 기적이다. 그렇게 신비하고 기적과도 같은 일을 우리가 해낸 건이다. 그것은 엄마이기에 할 수 있다. 아무나 할 수 있는 그런 일이 아니다. 자긍심을 갖고 자신을 바라보자. 내가 어떤 일을 해냈는지 다시 한번 돌아보자. 자신을 사랑하고, 자신의 존재를 스스로 높여주어야 한다. 우주와 세상은 내가 있기에 존재한다고 생각하자.

파울로 코엘료의 『연금술사』에서 주인공 산티아고는 죽음을 앞에 두고 생각한다.

"만일 내가 내일 죽어야 한다면, 신께서 미래를 바꿀 뜻이 없기 때문이 리라."

내가 지금 살아있다는 건 신께서 나를 위해 미래를 바꿀 뜻이 있다는 뜻이다. 지금이 바로 신을 믿고 나의 꿈을 위해 나아가야 할 때이다. 더 이상 머뭇거릴 필요가 없다. 이제 나는 내 꿈을 위해 그 어떤 자책도, 두 려움도, 망설임도 없다. 오직 확신과 믿음, 성공이 있을 뿐이다.

우리의 인생은 소중하다. 소중한 나의 시간을 지금부터 의미 있게 잘 보내야 한다. 시간을 어떻게 쓰냐에 따라서 우리의 인생은 달라진다. 부 자들은 돈보다 시간을 잘 활용한다. 한번 지나간 시간을 돌아오지 않는 다. 오늘이 나의 가장 젊은 날이다. 나는 지금 나를 위해 이렇게 책을 쓰 고 있다. 나의 인생을 책으로 남기고 있다. 나 스스로 쓰는 내내 감동을 받고 있다.

며칠 전 김상운의 『왓칭』을 읽다가 새로운 목표가 생겼다. 그는 자신을 긍정적으로 생각하고 자신을 바라본다면 내가 원하는 몸으로 바뀔 수 있고, 또한 젊어질 수도 있다고 말했다. 그가 책에 소개한 사례 중 '시간여행으로 돌연 젊어진 노인들'이란 실험은 나를 놀라게 했다. 2009년 8월, 경기도 한 한적한 마을에 버스 석 대가 스르르 미끄러져 들어왔다. 그 차에서 할머니, 할아버지들이 내렸다. 지팡이에 의지해 간신히 발걸음을 떼는 할아버지들…, 눈이 침침한지 연신 눈을 껌뻑거리는 할머니들이었다. 할머니, 할아버지들이 일주일간 지내게 될 마을 전체를 모두 하나같이 20년 전의 옛날 물건으로 꾸며놓았다. 독서대의 신문과 잡지도, 서가의 책도, 음반도, 집안의 가구도, 부엌의 냉장고도 모조리 20년 전 것들이었다. 심지어 TV에서도 노태우 대통령이 동유럽을 방문하는 뉴스가 흘러나오고 있었다. 그리고 그들에게 이렇게 주문하였다.

"여러분은 앞으로 일주일간 이곳에서 머물면서 1989년 이전에 일어난 일에 대해서만 말하고 생각해야 합니다. 보는 것도 20년 전 것들만 보고, 행동도 20년 전처럼 해야 해요. 20년 전 사진을 붙인 신분증도 늘 목에 걸고 다녀야 합니다."

결과는 아주 놀라웠다. 꼬부랑 허리는 날이 갈수록 꼿꼿해지고, 관절통도 사라지며 얼굴 주름살도 펴지는 것이었다. 돋보기를 쓰던 노인들은 돋보기를 벗어버렸고, 지팡이를 들었던 노인들은 지팡이를 내던졌다. 일주일이 지나고 정밀검진을 해보았다. 의사들은 딱 벌어진 입을 다물지 못했다. 손의 악력, 팔다리의 근력, 시력, 청력, 혈압, 콜레스테롤 등 모든 면에서 노인들의 몸이 놀랍게도 젊어졌기 때문이다. 심지어 지능까지 높아졌다.

이 실험은 1979년 하버드 대학 랭거 교수가 실제로 실험한 실험과 똑같은 상황이다.

너무 놀랍지 않은가? 단지 생각만으로 다시 몸이 젊어진다는 게 믿어지지 않을 정도로 놀랍고 신기했다. 그리고 얼마 후 나는 실제로 이와 비슷한 놀라운 일을 경험했다. 나의 친정아버지가 몇 달 전에 허리가 아프셔서 일을 그만두셨다. 지팡이가 없이는 잘 걷지도 못하셨다. 수술까지 해야 될 상황이었지만 너무 위험한 수술이기에 잠시 수술을 보류한 상태였다. 퇴직하시고 아파트에서 보내시기가 무료하셔서 예전에 사셨던 시골집에 내려가 계셨다. 그곳에서 텃밭도 작게 가꾸시고 소소하게 걷기운동을 하시며 보내셨다. 그런데 놀랍게도 허리 통증이 사라지셨다. 다시 예전처럼 건강하게 걷게 되셨다. 이제 약도 드시지 않는다.

아버지는 시골집에서 지내시면서 젊은 시절에 그곳에서 살았던 그 모습으로 편안하게 지내셨다. 마치 그때로 돌아간 듯이. 아버지는 유난히 그 시골집을 너무 좋아하셨다. 시골집 덕분에 아버지는 다시 건강을 되찾으셨다. 너무 놀랍고 감사한 일이다. 그 후로 나는 아버지가 시골집에 가시는 걸 환영하게 됐다. 아버지는 점점 더 건강해지실 것이다.

하버드대학의 랭거 교수는 이렇게 말했다.

"나이가 들면 몸도 불가항력적으로 늙어갈 수밖에 없다는 바로 그 생각이 몸을 늙게 만드는 겁니다. 시각만 바꾸면 몸도 얼마든지 변할 수 있다는 사실을 깨닫는 것 자체만으로 노화 속도도 변하기 시작하죠. 다시 말해 나이에 상관없이 젊어질 수 있다는 가능성을 열어놓는 것 자체만으로 젊음이 스며든다는 것이다."

나는 아이를 낳고부터 짧은 커트머리였다. 몇 번을 길러보려고 시도했지만 얼마 못 가서 참지 못하고 자르게 됐다. 왠지 나이 들어서 긴 머리가 어색하고 나와 어울리지 않아 보였다. 머리를 기른다고 해서 다시 젊어지는 것도 아니라면서 애써 합리화했다. 이제 달리 생각하기로 했다. 엄마도 다시 젊어질 수 있고, 예뻐질 수 있다. 나이는 단지 숫자에 불과하다. 나는 이제 후회 없는 인생을 살기로 결심했다.

이제 나를 위해 모든 가능성을 열어놓고 우주가 보내는 좋은 것을 받아들이자. 우리는 얼마든지 다시 젊어지고 아름다워질 수 있다. 이 사실을 깨닫고 가능성을 열어놓아야 한다는 것이 가장 중요하다.

미국의 델마 톰슨의 이야기는 인생은 자신의 생각에 따라 바뀐다는 걸 알려주었다. 그녀는 작가가 되기 전 군인이었던 남편을 따라 캘리포니아 주 모하비 사막 훈련소에 가게 되었다. 남편이 직장에 나가면 지독한 무더위 속에 오두막집에 남았다. 시도 때도 없이 모래바람이 불어 닥쳐 입 안에서 모래알이 씹히고, 음식을 해두면 금방 쉬어버렸다. 뱀과 도마뱀이 집주변에 기어 다녔다. 몇 달 만에 심한 우울증에 빠졌다. 마침내 고향 부모에게 이렇게 하소연했다.

"더 이상 못 견디겠어요. 차라리 감옥에 가는 게 나아요. 정말 지옥이에요."

그러나 아버지의 답장에는 다음과 같은 두 줄만 적혀 있었다.

"감옥 문창살 사이로 밖을 내다보는 두 죄수가 있다. 하나는 하늘의 별을 보고. 하나는 흙탕길을 본다."

이 두 줄의 글이 그녀의 인생을 바꿔놓았다. 그녀는 기피했던 인디언들과 친구가 되었고, 그들로부터 공예품 만드는 기술과 멍석 짜기를 배웠다. 사막의 식물들도 자세히 관찰해보았다.

빨갛게 저무는 사막의 저녁노을에도 신비한 아름다움이 숨겨져 있었다. 그녀는 이 새로운 세계를 발견한 기쁨을 책으로 펴냈다. 사막을 배경으로 한 책을 써 소설가로 변신한 것이다. 그녀는 이렇게 말했다.

"사막은 변하지 않았다. 내 생각만 변했다. 생각을 돌리면 비참한 경험이 가장 흥미로운 인생으로 변할 수 있다는 걸 깨달았다."

사막이 그녀의 인생을 바꿔놓았다면, 나에게는 아이들이 나의 인생을 바꿔주었다. 아이들도 변하지 않았다. 내 생각만 바뀌었을 뿐이다. 아이들로 인해 가장 힘든 시간을 보냈지만, 그 경험이 나를 이렇게 작가로 만들어주었다. 아이들이 너무 고맙다. 나는 아이들이 태어나고 엄마가 된이상 나의 인생이 곧 아이들이라고 생각했다. 그래서 세상에 나를 드러내면 안 되고, 아이와 남편을 위해서 나를 숨기고 살아야 한다고 생각했다. 그래서 더 힘들었는지도 모른다. 육아에 대해 전혀 알지 못했던 나는매일 불안하고 힘들었다. 그렇게 힘든 육아를 통해 나도 모르게 하루하루 성장하고 있었다. 나는 나의 이런 어렵고 힘들었던 육아 경험이 이제육아를 시작하는 이들에게 도움이 될 수 있다는 걸 알게 됐다. 그리고 나는 작가가 되어 이렇게 많은 사람들에게 선한 영향력을 펼치며 아름답고 행복한 삶을 살고 있다.

　엄마가 되었다고 해서 경력뿐만 아니라 인생 자체가 단절되어야 하는 건 아니다. 엄마도 충분히 자신을 드러내고, 자신의 잠재력을 마음껏 펼치며 꿈에 도전할 수 있다. 잠재력은 내 안에 있다. 내가 꿈을 꾸고, 다시 도전한다면 잠들어 있는 잠재력은 깨어난다. 엄마의 잠재력이 깨어날 때 눈부시게 아름다운 인생이 펼쳐진다. 내 인생의 주인공이 되자.

　육아를 통해 작가의 재능과 코치로서 누군가를 끌어올려주고, 지도할 수 있는 나의 잠재력이 깨어났다. 내 안에 숨겨져 있는 잠재력은 무한하다. 나의 모든 가능성을 우주에 활짝 열어놓을 것이다. 나는 계속해서 나를 성장시키고 도전할 것이다. 나의 인생은 이제부터 시작이다. 나의 인생은 그 무엇보다 소중하고, 눈부시게 아름답다.

03

아이의
오늘을 행복하게
만들어라

아이들에게 오늘이 가장 소중하고 중요하다. 평범하고 소소한 오늘이 아이들의 미래가 된다. 아이의 미래는 바로 오늘을 얼마나 행복하게 보내느냐에 따라 바뀐다. 지금 이 시간은 다시 돌아오지도, 돌아갈 수도 없다. 육아의 진짜 목적은 무엇일까?

『미움 받을 용기』에서 인생의 목적에 대해 이렇게 말한다.

"목표 같은 건 없어도 괜찮네. '지금, 여기'를 진지하게 사는 것일세. … 자, 이제 인생의 거짓말에서 빠져나오게. 그리고 두려워 말고 '지금, 여기'에 강렬한 스포트라이트를 비추게."

육아의 목적도 이와 같다고 생각한다. 지금 오늘이 아이에게 가장 중요하다. 아이의 오늘을 행복하게 하는 것, 그것이 육아의 목적이다. 아이가 훌륭한 인재가 되는 것? 스타가 되는 것? 그것은 육아의 목적이 될 수 없다. 아이가 행복하기 위해서는 엄마의 마음이 무엇보다 중요하다. 아이를 걱정하는 마음을 내려놓고 불안해하지 말자. 엄마가 불안해하면 아이는 행복해질 수 없다. 아이를 믿고 바라보자.

며칠 전 어린 시절 앨범을 찾았다. 나는 어린 시절의 기억이 거의 나지 않아서 그 앨범이 전부였다. 그동안 아이들에게 나의 어린 시절을 이야기해줄 수 없어서 너무 아쉬웠다. 앨범을 찾고 나서 나는 너무 신이 나서 하루 종일 들여다보았다. 아이들에게도 사진을 설명해주고 보여주었다. 아이들은 자기와 엄마가 너무 닮았다며 좋아했다. 사진 속 어린 나는 해맑게 웃고 있었다. 아이의 모습이 보였다. 그때는 빨리 어른이 되기만을 기다렸다. 어린 시절 나의 오늘은 행복하지 못했다. 그랬기에 빨리 어른이 되고 싶었다. 그래서 어린 시절의 기억이 남아 있지 않다는 생각이 든다.

나는 큰딸에게 물었다.

"지윤아, 너는 네 살부터 여섯 살쯤에 생각나는 일 있어?"
"아니 잘 생각 안 나."

"그렇구나. 사실 엄마도 어릴 때 생각이 잘 안 나. 그래서 지윤이는 지금 여덟 살이니까 혹시 생각나나 궁금해서 물어본 거야. 잘 생각해봐. 행복했던 일이나 속상했던 일이든 괜찮아."

"음, 진짜 잘 생각이 안 나."

아이는 감정적으로 행복한 일이 많이 없었다는 걸 알 수 있었다. 아이에게 미안했다. 그동안 아이와 제대로 된 정서적 교감을 제대로 나누지 못했다. 어린 시절의 내 모습을 보는 듯 마음이 아파왔다. 더 먼 훗날 다시 물었을 때 아이가 바로 떠올릴 수 있는 행복한 오늘을 만들어 주리라 다짐했다.

한동안 둘째가 떼도 안 쓰고 잘 지내서 너무 편했다. 이제 제법 컸다고 대견해하고 있었다. 그러던 어느 날 다시 둘째가 생떼를 부리기 시작했다.

"이게 이상하잖아! 다 섞여서 짜증 나!"

"학습지는 원래 하나씩 낱장이라서 그래. 그럼 호치키스로 집어서 안 섞이게 해볼까?"

"응. 내가 집을 거야!"

"지아가 혼자 하면 잘 안 돼. 세게 눌러야 돼서. 엄마랑 같이 하자!"

"싫어! 혼자 할 거야!! 나 혼자 할 수 있다고!"

"그래. 혼자 해봐, 그럼."

"아, 이거 왜 이상해. 다시 다 빼!!!"

"괜찮아, 지아야, 그냥 이제 공부해보자."

"아, 싫어. 공부 안 해!!!!"

나는 간신히 내 감정을 부여잡고 있었다. 아이는 괜찮아지는가 싶더니 또 고집을 부리고 악을 썼다. 그리고 순식간에 학습지를 전부 다 찢어버렸다. 그동안에 공든 탑이 무너지는 순간이었다. 아이는 그 순간 자신의 잘못을 알고 눈치를 보기 시작했다. 나는 그날 사실 많은 일들로 지쳐 있었다. 그래서 그 상황을 빨리 끝내고 싶다는 마음에 큰소리로 야단치고 따끔하게 혼을 낼까도 생각했다. 그럼 아이는 금방 꼬리를 내리고 잘못을 말할 것이다. 하지만 나는 그러지 않기로 했다. 아이가 순순히 마음을 진정하고 잘못을 알고 뉘우치길 기다려주었다. 아이는 천천히 울음을 멈추고 잘못을 말했다.

JTBC의 인기 드라마였던 〈이태원 클라쓰〉에서 주인공이 했던 명언이 있다.

"지금만 한 번, 마지막으로 한 번, 또 또 한 번. 순간은 편하겠지. 근데 말이야, 그 한 번들로 사람은 변하는 거야."

나의 결심은 결코 무너지지 않는다. 아이의 하루가 모여 아이의 인생
이 된다. 하루 정도는 괜찮을 거라는 생각들이 아이의 인생을 망치고 만
다. 아이가 순간 좋아지다가도 다시 더 나빠지고도 한다. 그럴 때 엄마는
감정적으로 아이를 대하기 쉽다. 그럼 모든 것이 물거품이 된다. 아이의
행동에 집중하기보다 아이의 감정을 먼저 알아차리자. 모른 척 넘어가고
싶을 때도 있다. 하지만 아이의 감정은 너무 여리고 투명하다. 쉽게 상처
받고, 마음의 상처는 후유증이 깊다. 지금이 아니면 그 상처는 가슴 깊이
오래 남는다. 지금 많이 힘들겠지만 바로 아이의 감정을 알아차리고, 읽
어 줘야 한다. 그래야 마음에 흉터가 남지 않고 깨끗하게 없어진다.

10월의 마지막 날은 할로윈 데이다. 어느 순간 미국의 대표적인 축제
가 이제 우리나라에서까지 고유 행사가 되었다. 매년 10월 31일이 되면
많은 곳에서 할로윈 콘셉트로 행사를 하고 이벤트도 한다. 친구들에게
종종 사탕주머니를 받기도 했다. 하지만 나는 이런 행사를 일일이 챙길
여력이 없었다. 아이들은 할로윈을 크리스마스와 어린이날 다음으로 가
장 좋아하고 기대했다. 나는 이번에 큰 결심을 했다. 아이들을 위해서 방
을 할로윈소품으로 꾸며주기로 했다. 할로윈 모자와 LED전구, 풍선 등
등 한가득 샀다. 아이들이 하교하고 저녁을 먹고 난 후 함께 방을 꾸미기

로 했다. 아이들은 소품들을 보고 신이 났다.

"우와! 엄마, 이거 엄마가 다 사온 거야?"

"응! 지윤이, 지아 방 멋지게 꾸며주려고! 한동안 2층 침대에서 안 잤잖아. 방 꾸미고 오늘부터 다시 자는 거다!"

"좋아!! 진짜 너무 멋질 거 같아! 엄마가 우리 진짜 많이 사랑하는 거 같아! 고마워, 엄마!"

"응! 지윤이, 지아가 좋아하니까 엄마도 좋아."

아이들은 그날 너무 행복해하면서 잠이 들었다. 덩달아 나도 동심으로 돌아간 듯 즐거웠다. 이제 소품들을 잘 보관해서 매년 이벤트를 해줘야겠다고 다짐했다. 이제 아이들은 자신의 방에서 행복한 꿈을 꾸면서 잠들 수 있게 됐다.

예전에 나의 육아는 빨리 해치워서 끝내야 할 일과 중 하나였다. 힘들수밖에 없었고 나와 아이 모두 행복할 수 없었던 이유이다. 육아는 엄마와 아이가 함께 소통하고, 하루를 보람되고, 행복하게 채워가는 일이라는 걸 이제야 깨닫는다. 진정으로 하루가 행복으로 채워질 때 육아는 고통이 아닌 기쁨이 된다. 그리고 아이와 함께 엄마도 성장한다. 아이의 하루를 행복하게 만드는 일이 사실은 나의 하루를 행복하게 만드는 일이다. 아이를 행복하게 할 수 있는 일을 생각하면서 나 또한 행복해지고 있었다. 그동안 나는 행복이 아닌 불행에 집중하고 아주 작은 나쁜 일도 더 크게 생각해서 더 나쁜 상황으로 만들었다. 부정적인 것에 집중하고, 생각하는 일이 많았기에 그런 상황을 무의식적으로 계속 끌어당겼다. 아이들 또한 행복하지 못했다. 내일을 걱정하며 잠드는 날이 많았다. 나의 잘못된 습관에 아이들도 물들고 있었다.

하브 에커는 그의 저서 『백만장자 시크릿』에서 행복의 법칙에 대해 이렇게 말했다.

"자연은 풍성하지만 분별력이 없다. 비가 내리면 어디로든 흘러가야 한다. 한쪽이 말라 있으면 다른 쪽은 두 배로 젖는다. 자신에게 오는 훌륭한 것들을 거부하면 기꺼이 두 팔 벌려 받으려는 사람에게 그 축복이 돌아간다."

이제 나는 아이들을 위한 행복한 일만 집중하고 생각한다. 그리고 아이들이 행복해할 그 모습을 상상하면서 오늘도 행복을 느낀다. 행복은 멀리 있지 않다. 자신에게 오는 우주의 선물을 보지 못한다면 그 선물은 다른 이에게 돌아간다. 나와 아이들에게 오는 행복을 두 팔 벌려 받자. 내가 가지고 있는 것에 감사하며, 행복은 지금 나의 삶, 그 자체라는 걸 깨달아야 한다. 아이들과 함께 하는 지금, 오늘이 가장 소중하다. 아이의 행복은 오늘에 달려 있다.

유명한 팝송 아메리칸 오서스(American Authors)의 〈Best day of my life〉의 가사처럼 오늘이 내 생의 최고의 날이 될 거라고 자신 있게 선포하라. 아이의 오늘은 최고의 날이 될 것이다.

04

아이는 나를
완성시키기 위해
신이 보낸 선물이다

아이가 처음 나를 찾아왔을 때의 감동은 아직도 생생하다. 사실 우리 부부는 아들을 원했다. 시댁이 장손 집안인데 손녀들만 있고 손자가 없었기에 시부모님들은 아들을 보시길 기대하셨다. 남편 또한 아들을 많이 기다렸다. 나는 첫 아이는 딸이든 아들이든 다 좋았다. 건강하게만 태어나주길 바랐다. 태명도 '장군'이었다. 바람대로 첫딸은 아주 건강한 모습을 하고 태어났다. 큰아이가 두 돌이 지나고 둘째 아이를 갖게 됐다. 이번에는 나 역시 아들을 기대했다. 큰아이가 워낙 예민해서 둘째는 순둥이 아들이 태어나주길 바랬다. 하지만 둘째도 딸이었다. 둘째 아이 역시 예민하고 까칠 그 자체였다. 나는 두 딸에 치여서 점점 지쳐갔다. 나의 모든 에너지를 아이들에게 빼앗기는 느낌이었다. 나를 괴롭히기 위해 태어난 듯 아이들은 나를 매일 힘들게 했다. 내가 그동안 그려온 상상 속 모녀의 모습과 거리가 멀었다. 아이들은 클수록 더 예민해지고 고집불통이었다. 첫째가 했던 행동을 고스란히 둘째가 따라 했다. 매일 전쟁 같은 하루를 보냈다.

나는 아이들이 커갈수록 내가 작아지고 내 삶이 죽어간다고 생각했다. 그래서 하루하루가 즐겁지도 행복하지 않았다. 무의미했고, 우울했다. 나를 힘들게 하는 아이들이 밉고 야속했다. 나는 아이들이 태어나기 전까지 나 스스로 꽤 괜찮은 사람이라고 생각했다. 그런데 아이가 태어나고 밤낮으로 울어대는 아이를 앞에 두고 나는 처절하게 나의 진짜 모습을 드러냈다. 신께서는 아이들을 통해 나를 시험하셨다.

리사 T. 셰퍼드는 육아에 대해 이렇게 말했다.

"나는 아이들을 키우면서 정신이 나간 대신 영혼을 발견했다."

나는 두 딸들로 인해 지난 몇 년간 거의 정신이 나가 있었다. 나는 아이를 낳기 전까지 나 자신에 대해 정의하지 못하는 그런 삶을 살았다. 정해진 운명대로 살 수밖에 없다고 한계를 긋고 그 안에서 우물 안 개구리처럼 살았다. 그 안이 세상의 전부라고 생각했다. 육아를 하면서 나를 돌아보게 되고 나 혼자만의 시간을 갖고 타인이 아닌 내 마음을 들여다보게 되었다. 그러다가 비로소 내 안에 있는 영혼을 발견했다. 잠들어 있던 영혼이 깨어나고 나의 의식이 살아났다. 육아를 하면서 그 힘든 시간이 없었다면 결코 나는 알지 못했을 것이다. 그 시련과 고통이 나를 일깨워주었다. 육아를 통해 진정한 나를 알게 되고 성장했다. 하나님은 나를 진정 사랑하셨기에 큰 시련과 아픔을 보내주셨다. 그 아픔은 나를 성장하게 하는 데 충분했다. 아마 모든 엄마들이 육아를 한다고 해서 나처럼 깨달음을 얻는 건 아닐 것이다. 당신이 이 책을 읽고 있다는 건 나처럼 육아로 힘든 시간을 보내고 있다는 뜻이다. 그건 당신도 나처럼 육아로 큰 깨달음과 성장할 수 있는 기회를 하나님이 주신 것이다. 아직도 당신이 힘들다면 멘토가 필요하다. 나의 네이버 카페에서 함께 소통하고 내가 추천하는 책을 읽는다면 분명 깨달음을 얻고 모든 것으로부터 자유로워질 것이다.

나는 이제 나의 아이의 문제행동에 대해 더 이상 속상해하거나 걱정하지 않는다. 아이는 이미 완전체이고 하나님이 나에게 보내주신 최고의 선물이다. 그런 아이를 뜯어고치려고 했던 나의 지난 날을 반성한다. 아이는 나를 성장하게 하기 위해 그런 행동을 하는 것이다. 내가 바뀌어야 할 부분이 있다는 뜻이다. 아이는 나의 스승과도 같다. 나를 일깨워주고 성장하게 해준다.

유튜브 채널 〈포크포크〉에서 인상 깊은 영상을 보게 됐다. 일찍이 깨달음을 얻고 아이를 진정으로 사랑한 한 엄마의 이야기이다. 선생님으로부터 문제라는 낙인이 찍힌 아들을 천재로 만들었다. 바로 위대한 발명가 토마스 에디슨의 어머니이다. 감동적인 일화를 소개하겠다.

한 어린 소년이 학교에서 편지 한 장을 가져왔다. 그러나 아무도 이 편지가 우리의 삶을 바꿔놓을 줄 몰랐다. 아이는 선생님이 편지를 줬다며 엄마에게 읽어 달라고 부탁했다.

잠시 뒤, 엄마는 눈물을 흘리며 큰 소리로 편지를 읽기 시작했다.

"당신의 아들은 천재입니다. 이 학교는 그를 가르치기에 너무 작은 학교이며 좋은 선생님도 없습니다. 당신이 아이를 가르쳐주길 바랍니다."

엄마는 선생님의 말을 따랐다. 병에 걸려 죽는 순간까지…. 엄마가 떠난 지 수년이 지나 아들은 유능한 발명가로 성장했다. 그리고 어느 날, 아들은 엄마의 유품들을 돌아보고 있었다. 그곳에는 선생님이 엄마에게 보냈던 그 편지가 놓여 있었다. 그는 편지를 펼쳐 다시 읽어보았다.

"당신의 아들은 저능아입니다. 우리 학교는 더 이상 이 아이를 받아줄 수 없습니다. 아이에게 퇴학 처분을 내립니다."

그는 편지를 읽고 눈물을 쏟았다. 그리고 자신의 다이어리에 다음과 같이 써내려갔다.

"토마스 에디슨은 저능아였다. 그러나 그의 어머니는 그를 이 시대의 천재로 변화시켰다."

선생님으로부터 자신의 아이가 저능아라고 평가받는다면 참으로 비통하고 참담할 것이다. 그런 상황에서 아이를 비난하거나 야단치지 않고 현명하게 아이를 대한 그의 어머니로부터 큰 감동과 존경의 마음을 갖게 되었다. 나는 과연 그런 상황이 온다면 그녀처럼 행동할 수 있을지 생각하게 됐다. 만약 그때 그의 어머니가 선생님과 같이 아이를 생각하고 대했다면 그는 결코 천재 발명가가 되지 못했을 것이다. 그녀는 신이 보내신 선물과도 같은 아들을 믿었기에 그리할 수 있었을 것이다.

나는 아이들과 꿈에 대해 자주 이야기한다.

"지윤이는 뭐가 되고 싶어?"
"나는 화가가 될 거야. 멋지게 그림을 그리고 싶어."

"지아는 뭐가 되고 싶어?"

"나는 아이돌이 되고 싶어. 엄마는 뭐가 되고 싶어?"

"엄마는 작가야! 지금 책 쓰고 있잖아. 엄마는 이미 작가가 된 거라고 생각해!"

"아~ 그러네! 엄마는 작가네! 멋져 엄마!"

"고마워~! 지윤이, 지아도 지금 나는 화가이고 나는 아이돌이라고 생각해. 그리고 그림 그릴 때 화가처럼 멋지게 그리면 돼. 지아는 아이돌이라 생각하고 다른 사람들 상관하지 말고 최선을 다해서 노래하고 춤추면 되는 거야! 알겠지?"

나는 아이들에게 이렇게 내가 원하는 것이 이미 이루어졌다는 믿음으로 산다면 꿈은 이루어진다고 자주 이야기한다. 내가 이렇게 성장할 수 있었던 것은 아이들의 사랑 덕분이다.

사실 육아를 시작할 당시에 나는 이렇게 긍정적이고 희망적이지 못했다. 아이들을 지적하고 부정적으로 피드백 했다. 큰아이가 여섯 살 때 유치원에서 방송 댄스를 특강으로 했을 때 아이는 너무 재밌어했고, 좋아했다. 그해 겨울, 유치원에서 발표회를 한 적이 있다. 그날 시부모님과 친정 부모님도 모두 오셨다. 정말 큰 기대를 하고 아이의 발표회를 보았다. 하지만 아이는 너무 큰 무대에 긴장한 나머지 제대로 실력을 발휘하지 못했다. 표정도 굳어 있고 가족들을 바라보지 못했다. 부끄러운 나머지 춤도 너무 작게 소극적으로 췄다. 가족들은 너무 실망했다. 나 역시 아이의 그런 모습에 당황스러웠다. 발표회가 끝나고 나는 아이에게 물었다.

"지윤아, 오늘 왜 이렇게 잘 못 했어? 웃지도 않고, 엄마, 아빠도 안 보고, 동작도 너무 작게 해서 하나도 안 보였어!"

"부끄러웠어. 너무….."

"지윤아, 너 꿈이 아이돌이라고 했잖아. 아이돌은 부끄러워하지도 않고 춤도 자신 있게 춰야 돼. 그렇게 부끄러워하고 춤도 자신 있게 못 추는데 어떻게 아이돌이 돼?"

나는 너무 속상한 나머지 아이를 격려해주지 못하고 오히려 꿈을 좌절하게 만들었다. 지금 돌이켜보면 나였더라도 많이 떨렸을 것이다. 엄마, 아빠만 있었다면 덜 떨렸을 텐데 할머니, 할아버지까지 보고 있다고 생각하니 더 긴장됐을 것이다. 이처럼 나는 어리석고 미성숙한 엄마였다. 아이는 그래도 엄마를 원망하거나 미워하지 않았다. 자신이 못해서 그런 거라고 자책하고 자기를 탓했다. 발표회 앨범을 보면서 아이는 그날 자신의 모습을 많이 아쉬워하고 수치스러워했다. 그 모습을 보고 나는 나의 잘못을 깨달았다. 아이가 그날 부끄러웠지만 무대에서 최선을 다했고 그것만으로도 충분하고 고맙다고 말해줬어야 했다. 그랬다면 아이에게 그날은 좋은 추억이 될 수 있었다. 나는 아이에게 너무 미안했다. 아이에게 그날을 수치심의 기억이 돼버리게 한 나의 미성숙함이 부끄럽다.

나는 더 이상 그때와 같은 어리석은 실수를 되풀이하지 않는다. 이제 나의 잘못을 깨닫고 반성하며 아이들과 함께 계속 성장하고 있다. 나에게 아이들이 없었다면 결코 성장할 수 없었다. 아이들은 나의 가장 큰 선물이자 축복이다.

김상운의 『왓칭2』에 인용된 한 구절을 힘들 때마다 떠올려보자.

"모든 사람은 분명한 삶의 목적과 계획을 갖고 태어난다. 그리고 모든 시련은 삶의 목적과 계획에 눈 뜨게 하기 위한 것이다. 그러므로 모든 시련은 내가 감당할 수 있는 만큼 계획돼 있다."

05

엄마는
아이에게 가장
큰 세상이다

아이에게 엄마는 어떤 존재일까? 나는 어린 시절 부모님의 이혼으로 엄마의 존재를 모르고 살았다. 그러기에 아이에게 엄마가 얼마나 크고 대단한 존재인지 알지 못했다. 그래서 육아가 더없이 힘들었을지도 모른다. 좋은 엄마가 되고 싶었지만 나는 그러지 못했다. 어쩌면 좋은 엄마가 되려고 했던 것이 욕심이었다. 나의 엄마는 나를 사랑하지 않았지만 나는 내 아이에게 전부를 내어주고 사랑하리라 맹세했다. 하지만 그건 생각처럼 쉬운 일이 아니었다. 나의 모든 걸 내어주고 희생하는 건 진짜 사랑이 아니다. 그걸 깨닫기까지 참 오랜 시간이 걸렸다.

아이에게 엄마는 첫 세상이자 가장 큰 세상이다. 엄마의 생각, 말투,

행동, 습관, 무의식까지도 큰 영향을 받는다. 아이는 엄마의 미니어처와 다름없다. 예전에 집 앞에서 아이가 두 친구와 놀고 있었다. 아이들 엄마와 함께 아이들에게 다가갔다. 그때 근처에 계신 아저씨 한 분이 나에게 말했다.

"말 안 해도 누가 누구 아이인지 알 것 같아요!"
"아, 정말요?"
"아이들이 엄마랑 너무 똑같네!"

그분은 정말 신기하게 모두 알아맞혔다. 아이에게 풍기는 분위기와 엄마의 이미지가 비슷한 것이다. 나의 아이는 나처럼 안 크길 바라지만 그건 불가능한 일이다. 아이는 나의 모든 면을 닮아간다.

이상한 건 나의 장점보다 단점을 더 많이 닮는다는 것이다. 그것은 바로 끌어당김의 법칙 때문이다. 우리는 원하지 않는 것을 더 많이 생각 하고 집중하며 소중한 시간을 허비한다. 그러기에 아주 미미했던 아이의 문제행동도 더 크게 부각되고 눈덩이처럼 커진다.

아이가 나의 장점이 아닌 단점을 더 많이 닮는다고 생각하는 건 내가 나의 단점을 더 신경 쓰고 집중한다는 의미다. 사실 대부분의 사람들이 자신의 장점을 말하라고 하면 말하지 못한다. 하지만 단점은 본인이 너무 잘 알고 있고 어렵지 않게 이야기한다.

채널A의 〈금쪽같은 내 새끼〉에서 오은영 박사는 '선택적 함구증'에 대해 이렇게 이야기했다.

"아이가 말을 하지 않는 건 자신의 생각이 틀릴까 봐 걱정되는 것이다. 이런 아이의 성향은 대체로 완벽주의자이다. 정답을 알고 있느냐 모르고 있느냐의 기준으로만 소통하는 편이다. 아이에게 잘 모를 때는 솔직하게 '잘 모르겠는데 제 생각에는… 같아요.'라고 말하면 된다고 알려주면 좋다."

나는 아이가 가족이 아닌 사람들 앞에서 말하지 않는 이유가 무엇일까 하고 고민했다. 나 역시 어린 시절 그런 일이 있었다. 그 당시 초등학교 저학년이었다. 작은아빠와 작은엄마가 우리 집 근처에서 살고 있어서 자주 만났다. 그리고 그날은 고모와 사촌 언니, 오빠들이 집에 왔다. 그때 할머니와 고모가 함께 있었는데 나는 그때 마침 궁금증이 생겨서 망설임 없이 할머니에게 물었다.

"할머니, 우리는 엄마가 없어서 작은엄마를 작은엄마라고 부르고, 사촌오빠들은 숙모라고 부르는 거야?"

"그게 무슨 소리야! 호칭이잖아! 그것도 몰라? 쟤는 가끔 저렇게 이상한 걸 물어본다니까."

나는 그때 너무 창피하고 당황스러웠다. 내가 왜 그런 걸 물어봤을까 하고 수없이 자책하고 후회했던 기억이 아직도 난다. 그때 나는 진짜 쥐구멍이라도 있으면 그곳에 숨고 싶었다. 고모 앞에서 너무 부끄러웠다. 어린 나이였지만 수치심이 들었다. 그 뒤로 질문하거나 말하는 게 두려워졌다. 그때처럼 너무 쉬운 상식을 틀리거나 모르고 있어서 비난을 받거나 웃음거리가 될까 봐 두려웠다. 지금도 아직 그런 부분이 남아 있다. 아이가 그런 나의 단점을 닮았을 때 나는 많이 좌절했다. 나는 아이에게 오은영 박사의 조언처럼 잘 모르는 부분은 '잘 모르겠지만 내 생각은 이러이러하다.'라고 말해보라고 이야기했다. 아이는 내 말을 잘 이해했다. 아이는 이제 몰라보게 좋아졌다. 완전히 성격이 바뀌길 바라지도 원하지도 않는다. 나는 아이 그 자체로 만족하고, 사랑한다. 아이가 바뀌길 바란다면 내가 바뀌어야 된다는 걸 안다. 그러기에 나는 내가 먼저 변하기로 결심했다. 그동안 아이가 보았던 엄마의 세상이 전부가 아니었다는 걸 알려줄 것이다.

나는 더 넓고 멋진 세상을 향해 걸어가는 사람으로 성장해가고 있다. 나는 이제 나의 단점이 아닌 나의 장점에 집중하며 더 크게 꿈을 꿀 것이다. 아이에게 가장 크고 멋진 세상을 보여주자. 엄마의 큰 꿈은 아이를 더욱 크게 성장하게 한다.

나는 육체 안에 갇혀 있는 것이 전부가 아니라는 걸 의식성장을 통해 알게 되었다. 나의 의식은 우주에 더 크게 존재한다. 사실 아이를 출산하고 달라진 육체를 보며 많이 힘들었다. 아무리 노력해도 다시 예전의 모습으로 돌아갈 수 없음에 우울하고 불행했다.

김상운의 『왓칭』의 한 사례를 통해 '나는 더 이상 육체에 큰 미련을 두거나, 걱정하지 않는다. 지금 나의 이 육체는 나의 아주 작은 일부일 뿐이다. 나는 육신 이상의 존재'라는 사실을 알게 해준 이야기를 소개한다. 한 청년이 깊은 계속에서 등반을 하다가 끔찍한 사고를 당했다. 계곡 수십 미터 아래로 내려가고 있을 때 바윗덩어리가 굴러 내려와 오른손에 떨어진 것이다. 피범벅이 된 손을 빼내려 몇 차례 시도해보았지만, 바위는 꿈쩍도 하지 않았다.

'꼼짝없이 이렇게 죽게 됐구나!'

거센 죽음의 공포가 밀려왔다. 먹을 거라곤 작은 빵조각 두 개와 1L의 물이 다였다. 그것도 닷새가 지나자 완전히 바닥나 버렸다.

작은 휴대용 칼이 다 닳도록 바위 밑을 쪼아 보기도 하고, 죽을힘을 다해 바위를 밀어보기도 했다. 손을 빼내지 못하면 그 자리서 꼼짝없이 죽게 될 판이었다. 그는 점점 죽어가고 있었다.

죽음을 피할 수 없다는 걸 깨닫고 계곡 모래벽에 무뎌진 칼로 자신의 생년월일과 죽는 날짜를 새겨 넣었다. 그리고는 가족에게 남길 유언을 비디오카메라에 담았다. 그런데 죽음을 받아들이기로 하자 뜻밖에 변화가 일어났다.

"처음엔 죽음의 공포에 떨었는데 모든 걸 내려놓으니 이상하게도 평화가 찾아왔어요."

죽음을 받아들이기로 마음먹으니 육신에 대한 모든 집착이 떨어져나갔다. 자신을 텅 비우자 그제야 자신의 모습이 마치 남을 바라보듯 조용히 시야에 들어왔다. 자신을 바라보는 또 다른 자신은 누구인가?

"제 육신을 바라보는 또 다른 나, 그게 바로 제 영혼이었어요."

한쪽 팔이 사라진다고 해서 영혼도 줄어드는가? 영혼, 즉 '진정한 나'는 육신 속에 들어 있는 게 아니었다.

엄마의 기분이 아이의 태도가 되지 않게

'팔은 나'라고 바라보니 팔이 바위에 깔려 꼼짝하지 못하자 '나'도 꼼짝하지 못했다. 그러나 이제 팔은 영혼을 담는 그릇의 한 작은 파편에 불과했다. 푸른 하늘, 푸른 숲, 푸른 바다를 바라보며 자유로이 살아갈 기쁨에 비하면 팔 하나쯤 없는 건 아무것도 아니었다.

"사랑하는 여자를 만나 결혼도 하고 아들을 낳아 행복하게 사는 제 미래의 모습들이 너무나도 생생하게 떠올랐어요. 세 살배기 아들을 한 팔로 껴안은 장면도 현실처럼 눈앞에 펼쳐졌지요."

'나는 팔 이상의 존재.'라고 자신을 바라보자 팔을 잘라낼 용기가 샘솟아 올랐다. 그는 일단 등반 로프로 바위에 짓눌린 팔을 단단히 묶어 지혈시켰다. 그러고는 무뎌질 대로 무뎌진 칼로 지혈된 부위 아래 손목을 자르기 시작했다.

"저는 제 손목을 잘라내는 게 너무나 행복했습니다. 미래에 일어날 모든 기쁨과 행복의 순간들이 걷잡을 수 없이 밀려들었고, 손목만 잘라내면 그 모든 걸 누릴 수 있다는 생각 때문이었죠. 통증을 느낄 겨를도 없었어요."

미국에 사는 앨런 롤스턴 씨의 실화이다. 그는 인터뷰에 이렇게 말했다.

"팔다리가 '진정한 나'가 아니라는 걸 깨닫고 바위에 짓눌린 손을 절단한 뒤 자유의 몸이 됐다."

이 이야기를 읽지 못했다면 나는 여전히 '육신 속에 든 게 바로 나'라는 착각을 하며 아직도 육체에 집착하며 불행하게 살고 있을지도 모른다. 책을 통해 나는 더욱 크게 성장하고 있다. 나 자신을 내가 어떻게 생각하느냐에 따라 삶이 바뀐다. 나를 30대 평범한 주부로만 생각할 것인지 아니면 세상에 영향력을 펼치는 작가이자 코치로 생각할지에 따라 앞으로의 삶은 완전히 달라질 것이다. 나는 이제 나의 인생을 작은 일부에 초점을 맞추지 않고 시야를 넓혀 더 큰 세상으로 나아갈 것이다. 나의 세상은 그 누구보다 자유롭고 풍요롭다. 아이에게 가장 큰 세상은 엄마이다. 엄마의 세상을 통해 아이는 세상을 배워나간다. 세상은 풍요롭고, 멋진 곳이라는 걸 엄마가 느껴야 아이도 긍정적으로 세상을 볼 수 있다. 큰 꿈을 가져라. 자기 자신을 과소평가하지 말고 크게 바라보자. 우리는 아이의 큰 세상이다. 두려워 말고 자신감을 가져라.

하브 에커의 『백만장자 시크릿』에서 그는 꿈에 대해 이렇게 말했다.

"별을 향해 쏘면 적어도 달을 맞출 수 있다. … 끌어당김의 힘. 목표한 만큼만 갖게 된다. 편안한 정도에 절대 머물지 말라."

꿈을 소박하게 꾸지 말자. 별이라는 큰 꿈을 가져야 적어도 같은 하늘에 있는 달이라도 맞출 수 있다. 부모가 큰 꿈이 있다면 아이는 그보다 더 큰 꿈을 가질 수 있다. 나의 가능성은 이미 알고 있다. 나는 이 책의 원고를 다 써가는 이 시점에 내가 그동안 읽은 책을 펴낸 출판사에 투고했다. 그리고 바로 메일이 왔다. 긍정적인 메시지였다. 이 책은 이미 우주에서 완성된 결과물이다. 그 어떤 걱정이나 불안은 없다. 나의 버킷리스트가 이루어졌다. 나는 그렇게 작가가 됐다.

06

아이가
행복해야
진짜 육아다

선진국으로 발전한 지금 모든 것이 옛날보다 쉬워지고 편해졌다. 그런데 왜 육아는 옛날보다 더 힘들고 어려워진 걸까? 육아용품은 수없이 쏟아져 나오고 있다. 내가 처음 육아를 시작한 것이 2014년이었다. 그때 처음 보는 신기한 육아용품들이 많았다. 젖병소독기, 범퍼의자, 아기 띠, 힙 시트, 바운서, 이유식마스터, 점퍼루, 보행기 등등 셀 수없이 많다. 최근에 다시 한번 육아용품을 검색해본 적이 있다. 8년 전보다 훨씬 업그레이드 된 제품들이 많아서 많이 놀랐다. 심지어 분유제조기까지 나왔다. 그때는 이런 것들이 없으면 육아를 제대로 할 수 없을 거 같은 마음에 중고용품은 찜찜하고 모두 새 제품으로 구매했다. 하지만 육아는 전혀 쉬워지거나 편해지지 않았다. 예전보다 분명 나아져야 하는 게 맞는데 오히려 더 아이들은 갈수록 예민해지고 까칠해졌다. 아직도 육아는 어려운 숙제로 남아 있다.

　이미 많은 나라들에서는 육아를 엄마만의 일로 생각하지 않고 아빠가 함께 동참하고 아이를 키운다. 아이가 있는 집이라면 유모차는 필수이다. 또한 육아휴직도 남녀 차별 없이 평등하게 주어진다. 하지만 우리나라의 현실은 아직까지 그러하지 못하다. 육아휴직을 쓰는 남자들을 색안경을 끼고 바라본다. 그리고 육아하는 남자를 능력이 없는 사람으로 치부해버리기도 한다. 아직까지 고리타분한 낡은 관념들로 인해 육아는 여전히 엄마의 몫으로 남아 있다. 그러기에 엄마들의 짐은 무거울 수밖에 없다. 엄마의 책임감은 아이가 커갈수록 점점 커진다. 그러면서 아이의 행복은 멀어져간다. 아이는 하교 후에 집 앞에서 친구들과 놀고 싶어 했다. 하지만 아이는 하교 후에 해야 할 일이 많았다. 그래서 오래 놀진 못했다. 아이는 집에 들어오면서 매번 시무룩했다. 그때 아이의 마음을 공감해주지 못하고, 아이가 해야 할 일들에만 초점을 두고 아이를 몰아세웠다. 아이의 행복은 나의 안중에 없었다. 아이는 너무 버겁고 힘들어했다. 왜 해야 하는지 이해하지 못했다. 나의 이기심이 아이를 불행하게 만들었다. 나는 남편이 오기 전에 모든 걸 끝내고 쉬고 싶었다. 하지만 생각처럼 아이들이 척척 따라오지 않았다. 취침시간이 다가올수록 마음이 조급해졌다. 그럴수록 아이들은 장난을 치고 내 말을 듣지 않았다. 결국 아이는 야단을 맞은 후에야 양치를 하고 울면서 잠을 자는 날이 부지기수였다. 그런 악순환이 계속됐다. 그러던 어느 날 큰아이가 장염으로 며칠 학교를 결석하게 됐다. 하루 종일 아이와 무엇을 해야 할지 고민됐다.

"지윤아, 우리 오늘 하루 계획표 만들어볼까?"
"좋아! 어떻게 만드는 거야?"
"일단 원을 크게 그린 다음에 시계를 그리면 돼."
"아~! 알겠어, 엄마!"

나는 아이와 함께 오전 9시부터 오후 9시까지 12시간의 계획표를 함께 짰다. 아이는 계획표를 벽에 붙여놓고 수시로 확인하며 그대로 지키려고 노력했다. 스스로 학습지와 EBS교재도 척척 해나갔다. 나는 그 모습을 보고 깜짝 놀랐다. 그동안 내 마음대로 계획을 짜고 아이에게 지시하기만 했다. 아이는 마지못해 억지로 하거나 하기 싫다고 울기도 했다. 그런 아이가 스스로 시간표를 보고 실행하는 모습을 보니 대견하게 느껴졌다. 그 뒤로 결석을 하거나 방학 때 집에 있는 날에는 아침에 제일 먼저 하루 계획표를 짰다. 계획표 없이 하루를 보낸다는 건 뒤죽박죽 엉망이 되고 의미 없이 하루가 지나가버린다. 아이는 자기 전에 하루 계획표를 보며 아주 뿌듯해했다. 대단한 일은 아니지만 자기가 스스로 만든 계획을 척척 해내가는 모습에 자존감이 올라갔다. 아이는 조금씩 성취감을 맛보며 행복해했다.

둘째 아이가 코로나로 인해 7세가 되어가지만 어린이집이나 유치원에서 발표회를 한 번도 하지 못했다. 4세 때 어린이집에서 발표회가 있었는데 바로 직전에 코로나19 사태로 모두 취소됐다. 둘째 아이는 그래서 지금까지 큰 무대에서 발표회를 하지 못했다. 어릴 때 그 모습을 사진과 영상으로 남겨서 아이가 조금 컸을 때 보여주면 아이는 너무 좋아한다. 큰 아이는 세 번 발표회를 했다. 지금도 그 사진과 영상을 보며 흐뭇해하고 좋아한다. 둘째는 그걸 보고 많이 부러워했다. 그러다 위드 코로나 (with corona)로 단계적으로 일상이 회복되면서 어렵게 행사 일정이 잡혔다. 아이는 유치원에서 선생님의 말씀을 듣고 집에 와서 행복한 얼굴로 이야기했다.

"엄마! 나도 엄마, 아빠 초대해서 방송 댄스 공연한대!"
"정말? 유치원에서 지아도 발표회 한대?"
"응! 선생님이 오늘 그랬어! 그래서 오늘 연습도 했어!"
"와~!! 진짜 너무 기대된다! 우리 지아 공연하는 거 코로나 때문에 한 번도 못 봐서 너무 속상했는데 너무 잘됐다!"
"엄마, 아빠 초대할 거야! 언니도!"
"토요일이면 이모도 오라고 할까?"

"좋아! 할머니, 할아버지도 초대할까?"

아이는 말하는 내내 설렘과 기대, 행복이 얼굴에 가득했다. 사실 발표회를 준비하고 연습하는 일이 선생님이나 아이들에게 힘든 일이긴 하다. 그래서 많은 유치원이나 어린이집에서 발표회가 없어지는 분위기다. 하지만 아이들 역시 이런 큰 행사를 치르고 나면 그만큼 아이도 성장한다. 큰아이의 경우에도 마냥 아기 같았다. 하지만 여러 번에 발표회를 하고 난 후 아이가 부쩍 크게 느껴졌다. 자신이 무엇인가를 노력해서 친구들과 함께 작품을 발표한다는 것에 대한 자부심이 생긴다. 잘하든 못하든 그것은 중요하지 않다. 일단 아이가 용기를 내어 무대에 섰다는 거 자체만으로 아이는 충분히 성장한다. 이번에 둘째도 첫 발표회이기에 많이 긴장되고 떨릴 것이다. 하지만 아이는 열심히 잘 해내리라 믿는다.

학교에 가기 전에 아이가 성장할 수 있는 기회가 생긴 건 아주 큰 행운이다. 사실 학교에 가면 이런 기회가 생기기 어렵다. 유치부만이 할 수 있는 좋은 추억이다. 즐겁게 발표회 연습하고 있는 아이가 너무 고맙다. 둘째 아이의 꿈이 아이돌이다. 이번 공연이 아이의 첫 공연이 될 것이다. 먼 훗날 아이가 아이돌이 되었을 때 첫 발표회를 기억하며 행복해할 모습이 생생하게 그려진다. 아이에게 행복한 기억을 많이 남겨주는 것이 최고의 선물이다.

나는 아이들과 자기 전에 내가 원하는 소망에 대해 생생하게 그리는 상상을 한다. 아이들은 나의 예전에 부정적인 영향을 그대로 받아들였다. 그래서 늘 걱정하고 부정적으로 생각했다. 이제 아이들에게 긍정적이고 밝은 에너지를 심어주기 위해 자기 전에 아이들이 원하는 행복한 상상을 하도록 했다. 그리고 그것을 꿈꾸며 잠들도록 도와주었다. 아이는 아침에 어젯밤에 재밌는 꿈을 꿨다면서 웃으며 일어나는 날이 많아졌다.

'상상수면'은 상상하면서 잠들면 어느새 내가 상상한 일이 현실이 되어 그 상황에서 눈을 뜨게 된다. 잠재의식은 진짜와 가짜를 구분하지 못한다고 한다. 그래서 내가 원하는 삶을 진짜 이뤄진 것처럼 내가 착각을 한다면 잠재의식은 그것을 진짜라고 믿고 현실로 이루어지게 만든다. 나는 아이들에게도 나쁜 일이 아닌 좋은 일에 집중하고 그것을 생각하면 반드시 좋은 일이 일어난다는 걸 알려주고 싶다.

둘째 아이가 어느 순간 나에게 무엇인가 말했을 때 내가 웃지 않거나 단답형으로 대답하면 아이는 불안한 얼굴로 이렇게 물었다.

"엄마, 지아 싫어?"
"아니! 지아가 왜 싫어? 엄마는 지아 좋아! 왜 그런 말을 해?"

"엄마가 지아 보고 안 웃어서 지아 싫어하는 줄 알았지…."

"아! 그랬구나. 엄마가 안 웃어서 그렇게 느꼈구나. 미안해. 엄마 화난 거도 아니고 지아 싫은 거도 아니야."

그러다가 며칠 뒤에 언니와 놀다가 아이가 언니에게 똑같이 말했다.

"언니, 지아 싫어?"

"아니!"

"근데 왜 나랑 안 놀아?"

"언니가 잠깐 다른 거 해야 해서 그래."

"아~ 그렇구나! 알겠어, 언니."

나는 두 아이의 대화를 듣고 있다가 둘째 아이를 불렀다.

"지아야, 왜 엄마한테도, 언니한테도 지아 싫으냐고 물어봐?"

"그냥 엄마랑 언니랑 지아 싫어하는 거 같아서…."

"아니야 엄마랑 언니가 지아를 왜 싫어해. 엄마랑 언니는 지아 사랑해."

"응…."

아이는 엄마와 언니의 눈치를 보며 수시로 그 말을 하며 계속해서 확인했다. 아이의 자존감이 낮아진 모습을 보고 많이 속상했다. 아이는 아직도 사랑이 많이 부족해 보였다. 사실 이런 모습은 큰아이 어릴 때도 보았던 모습이다. 그 당시 동생 때문에 큰아이가 혼자 있는 시간이 많았다. 반대로 요즘 큰아이가 초등학교에 들어가고 더 많이 신경을 쓰다 보니 둘째 아이에게 조금 소홀해졌다. 아이가 그래도 이렇게 신호를 보내줘서 너무 고맙다. 아이는 얼마든지 행복할 수 있다. 아이가 엄마에게 보내는 신호를 잘 알아차린다면 아이가 행복한 진짜 육아는 시작된다. 나는 오늘도 아이의 마음을 어루만져주려고 노력한다. 때론 아이의 신호를 다르게 오해해서 힘든 날도 있을 것이다. 그때 한 가지 원칙만 생각한다면 성장이 일어난다. 그것은 바로 아이의 행복이다. 어느 순간이든 '아이의 행복'이라는 원칙을 생각한다면 엄마와 아이는 비로소 성장한다. 사실 너무 당연하고 쉬운 일이지만 그것을 지키기는 힘든 일이다. 나도 이것을 알기까지 참 많은 시간이 걸렸다. 매순간 아이에게 집중한다는 일은 나를 포기한다는 것과 같은 일이라 생각했다. 하지만 그것은 잘못된 생각이다. 아이가 진정으로 행복할 때 엄마의 삶도 행복해진다. 이제 진짜 육아는 시작됐다. 엄마와 아이는 행복 바이러스이다. 아이에게 엄마가 행복이고, 엄마에게는 아이가 행복이다. 이것이 바로 행복 육아의 열쇠다. 존재자체가 행복이고 축복이라는 것, 우리는 그것을 알아차리는 순간 행복한 육아를 할 수 있다.

07

책 읽기로
엄마도 아이도 이제
행복해질 수 있다

삶을 살면서 가장 필요한 한 가지를 꼽는다면 단연, 책이다. 책에서 수 많은 지혜와 깨달음, 교훈을 얻을 수 있다. 같은 책이라도 사람마다 느끼 는 것은 모두 다르다. 그것이 책이 가진 가장 큰 매력이다. 또한 처음 읽 을 때와 몇 년 후에 다시 읽었을 때의 느낌 또한 다르다. 단순히 책을 다 독한다고 해서 삶은 달라지진 않는다. 단 한 권의 책이라도 나를 성장 시 킬 수 있는 영향력이 있는 책을 찾아낸다면 그것은 큰 축복이다. 책을 읽 으면서 깨달은 것을 나의 삶에 실천하고 꾸준히 이어나가야 한다. 그래 야 우리는 나아갈 수 있다. 사람이 변한다는 것은 참 어려운 일이다. 조금 만 방심하면 다시 예전의 나쁜 습관들이 튀어나오기 마련이다. 부정적인 성향이 쉽게 바뀌지 않는다. 그동안 몸에 밴 습관은 의식적으로 생각해야 교정할 수 있다. 어떤 상황에서든 긍정적인 마인드로 생각해야 한다.

최근 엄마표 영어공부를 시작했다. 1년 뒤 아이들에게 영어를 가르치는 나의 모습을 상상하니 공부가 즐겁고 행복하다. 사실 영어공부를 포기했었다. 20대에 어학원에 두 달 정도 다닌 후로 영어를 다시 할 수 없다고 생각했다. 하지만 나는 10년 뒤 다시 영어에 도전하게 됐다. 아직 나의 인생은 길다. 또한 나의 버킷리스트 중 한 가지가 바로 영어 배우기이다. 앞으로 10년 뒤 나의 삶은 지금의 도전으로 어떻게 변하게 될지는 아무도 모른다. 지금의 이 도전과 작은 노력이 결코 헛된 것이 되지는 않을 것이라 생각한다. 나는 그 믿음으로 오늘도 최선을 다해서 공부하며 어제보다 한 뼘 더 성장한다.

다시 영어 공부를 시작하면서 책에서 자주 나오는 표현 중에 일상생활에서 쓸 수 있는 표현을 메모하는 습관이 생겼다. 그중에서 내가 가장 많이 쓰고 가슴에 와 닿은 문장이 있다.

"Forget about it! 지난 것은 잊어버리렴."

이 문장은 아이에게 너무나 좋은 문장이었다. 학교에서 자주 친구와 다투고 온 아이는 집에 오면 자기 전까지 낮에 있었던 안 좋은 일을 생각하며 기분이 다운되어 있는 날이 많았다. 그때마다 계속 이야기를 들어주고, 공감해주지만 아이에게 힘이 될 만한 조언을 해주고 싶었다. 하지만 좋은 말이 생각나지 않아서 항상 고민이었다. 그때 나는 이 문장을 우연히 책을 보다가 보게 되었다. 나는 바로 메모지에 써서 잘 보이는 곳에 붙여놓았다. 아이는 그 말을 듣고 조금은 위로가 되는 듯했다. 앞으로 아이에게 힘이 될 만한 표현을 계속 찾아서 말해준다면 아이는 더 큰 위로를 받게 될 것이다.

나는 책을 읽다가 좋은 문장을 바로바로 메모지에 써서 냉장고나 주방에 잘 보이는 곳에 붙여놓곤 한다. 요리나 집안일을 하면서는 책을 볼 수 없기에 곳곳에 붙어있는 메모지를 보면서 틈틈이 긍정적인 문장들을 읽으면 책을 읽은 것처럼 마음이 편안해지고 기분이 좋아진다. 아이들의 장점리스트도 써서 붙여놓고 수시로 읽으면 웃음이 난다. 아이의 그 모습이 머릿속에 그려지면서 아이들에게 고마운 마음과 사랑의 감정이 충전이 된다.

며칠 전 큰아이가 냉장고에 붙어 있는 메모지를 보고 요리하고 있는 내게 말했다.

"엄마, 엄마는 최고야!"

"엄마, 엄마는 참 대단해!"

"엄마, 엄마가 있어서 행복해!"

"엄마, 나와 함께 있어줘서 고마워!"

"엄마, 오늘도 사랑해!"

"엄마, 엄마 참 예쁘다!"

"엄마, 엄마는 지금 잘하고 있어!"

내가 어릴 때 듣고 싶었던 말들을 적어서 붙여놓은 말들이었다. 아이가 엄마로 호칭을 바꿔서 말해주었다. 아이에게 그 말을 들으면서 너무 행복했다. 아이는 이제 엄마의 마음을 모두 공감하고 표현한다. 나는 그렇게 치유되고 있었다.

세계적인 영적 스승 데이비드 호킨스 박사의 마지막 역작 『놓아버림』에서 그는 치유에 대해 이렇게 이야기했다.

"아무리 '비극적인' 경험이라 해도 모든 인생 경험에는 교훈이 숨어 있다. 경험 속에서 숨은 선물을 발견하고 그것을 받아들일 때 치유가 일어난다."

나는 어린 시절 부모님의 이혼을 경험하면서 힘든 시간을 보냈다. 또한 부정적인 성향으로 인생을 살면서 불행함을 더 많이 느끼면서 살았다. 하지만 이제 그 모든 경험에 훌륭한 교훈이 숨어 있었음을 안다. 나는 그 경험을 통해 아이들에게 좋은 부모가 되려고 끊임없이 배우고, 공부하고, 노력했다. 비록 나는 받아보지 못했지만 아이들을 온 마음으로 사랑했다. 사랑하는 방법을 제대로 알지 못해서 힘든 날도 많았지만 나만의 방식으로 아이를 사랑했다. 조금은 부족하고 서툰 사랑이지만 내가 줄 수 있는 사랑이 있다는 것에 감사함을 느낀다. 또한 나는 부정적인 성향으로 모든 삶에 감사와 행복을 느끼지 못했을 때 책을 통해서 긍정적이고 감사와 행복을 깨닫게 되었다. 그런 상황에서 나의 인생을 포기하지 않고 계속해서 나를 성장시키기 위해 공부하고 책을 가까이했다. 늘 배우려는 자세로 꿈을 꾸고 도전하기를 두려워하지 않았다. 나는 결국 이렇게 작가가 되어 책을 쓰고 있다. 지금의 나는 내가 만든 것이다. 앞으로 10년 후 나의 미래는 지금의 내가 결정한다. 내가 지금 무엇을 하며 하루를 보내느냐에 따라 10년 후는 분명 달라진다. 나의 미래는 세상에 영향력을 펼치는 사람이 되어 더 많이 사랑을 베풀고 있을 것이다.

며칠 전 아이가 하교 후에 학교에서 친구들과의 일로 매우 속상해했다.

"엄마, 나윤이가 원래 예준이랑 단짝인데, 오늘은 나윤이가 나랑 놀았

거든. 그래서 둘이 싸웠어…."

"나윤이가 지윤이랑 놀아서 예준이가 혼자 놀았어?"

"모르겠어…. 그랬나봐."

"지윤이 때문에 둘이 싸운 거 같아서 속상해?"

"응. 둘이 단짝인데 나 때문에 그런 거야. 둘이 다시 우정하게 해줘야 돼."

"지윤아, 엄마랑 아빠가 싸울 때도 지윤이 때문에 싸우는 거 같아?"

"응…."

"아니야, 지윤이 때문이 아니야. 서로 마음이 안 맞거나 의견이 다를 때 싸우는 거야. 친구들도 마찬가지야."

아이는 친구들이 싸우는 것이 자신 때문이라고 자책하며 속상해했다. 그 모습이 너무 안타까웠다. 아이는 부정적인 감정에 더 많이 반응하고 신경을 곤두세웠다. 나는 주위에 일어나는 그 어떤 나쁜 일도 아이의 탓이 아니며 잘못이 아니라고 계속해서 알려주기로 했다. 아이는 자신의 감정보다 타인의 감정이나 반응을 더 많이 살피고 의식했다. 그런 모습을 보며 아직도 아이에게 사랑이 많이 부족하다는 걸 느꼈다. 육아에서 정답이 없듯이 아이가 크면 클수록 더 큰 사랑이 필요하다. 지치지 않고 아이를 계속 사랑하고 이해하기란 참 어려운 일이다. 하지만 우린 엄마이기에 포기할 수 없다. 아이와 함께 속도를 맞추면서 나아가야 한다. 아이의 속도가 느리다고 해서 야단치고 체벌을 한다면 모든 것을 물거품이 되고 만다. 아이는 어느 순간 나보다 더 크게 생각하고, 폭풍 성장할 것이다.

큰딸은 나에 대한 모든 것에 늘 관심이 많았다. 새로 산 책은 꼭 한번씩 펼쳐보고, 읽어보고 싶다고 말했다. 그 뒤로 아이와 함께 읽을 수 있는 책을 찾다가 예전에 재밌게 읽었던 『해리포터와 마법사의 돌』(미나리마 에디션) 일러스트 북이 새로 나온 걸 알게 되어 구매했다. 아이는 그 책을 보고 너무 예쁘다면서 좋아했다. 아이와 다시 보는 책의 느낌은 새롭고 좋았다. 덕분에 아이가 책에 관심이 많아졌다. 감사한 일이다.

며칠 전 나는 유튜브를 시작하기 위해 유튜브 관련 책과 마이크를 주문했다. 그리고 유튜브에 대한 공부를 하고 있었다. 아이는 내가 유튜버를 준비하는 걸 보고 자기도 유튜브 영상을 찍고 싶다고 했다. 나는 흔쾌히 승낙했다.

"지윤아, 어떤 걸 찍고 싶어?"
"동화책 읽어주는 거 해볼래, 엄마."
"좋아! 그럼 엄마가 처음 시작할 때, 그리고 마지막에 인사 멘트를 써줄게. 최대한 카메라를 보고 외워서 말하는 게 좋아."

"응! 엄마! 너무 재밌어!"

"지윤이, 처음인데 잘하네~ 우와! 엄마는 작가고, 지윤이는 북튜버야!"

"와~~!! 진짜 멋져!"

나는 아이의 채널을 만들고 영상을 만들면서 나의 채널도 준비 중이다. 아이와 나는 계속해서 노력하고 성장해가고 있다. 지금의 이 작은 노력이 먼 훗날 아이에게 큰 힘이 될 것이다. 아이가 지금부터 꾸준히 채널을 키워나간다면 10년 뒤 아이의 미래는 상상 그 이상일 것이다.

나는 아이와 함께 한 걸음 한 걸음 성장해나가고 있다. 나의 책은 세상에 나왔다. 나는 이제 세상에 나를 드러내며 성장하고, 영향력을 펼친다. 나의 꿈은 이미 이루어졌다. 지금 이 순간이 내가 원하던 그것이다. 내가 믿는 모든 것이 현실이 된다. 내가 원하는 것이 현실로 이루어지지 않는 것은 내가 믿지 않았다는 것이다. 내가 원하는 것을 진심을 다해 믿어야 한다. 오로지 나 자신을 믿어야 현실로 이루어진다. 나는 이제 내가 원하는 모든 것을 믿는다. 나의 꿈은 모두 현실이 된다. 나의 세상은 흥미롭고, 행복하고, 즐겁다. 이제 당신도 책을 통해 더 넓은 세상을 만나고, 행복한 현실을 만들어야 할 때이다. 나로 태어난 이 순간 우주와 만물, 모든 것에 감사하다. 내가 지금의 나여서 좋다. 이렇게 책을 쓰고 있는 지금의 현실은 내가 만든 것이다. 나는 작가가 될 수 있다고 믿었다. 내가 믿는 것은 모두 이룰 수 있다는 것을 다시 한번 깨달았다. 그 느낌을 나의 몸과 의식에 하나하나 새겨넣었다. 나는 이 비밀을 평생 잊지 않고 기억할 것이다. 그리고 이것을 세상 사람들에게 알려주는 일을 나는 멈추지 않을 것이다. 우리의 현실은 나의 믿음으로 결정된다. 내가 작가가 되겠다고 했을 때 멋지다고 응원해준 나의 두 딸과 때로는 나의 드림킬러가 되기도 했지만 결국엔 나를 믿어준 남편에게 너무 고맙다. 나의 가족은 하늘이 주신 최고의 선물이자 기적이다.